电子电工技术创新研究

蔡卫兵　著

吉林科学技术出版社

图书在版编目（CIP）数据

电子电工技术创新研究 / 蔡卫兵著 . -- 长春 : 吉林科学技术出版社，2021.12（2023.4重印）

ISBN 978-7-5578-8972-2

Ⅰ . ①电… Ⅱ . ①蔡… Ⅲ . ①电子技术－研究②电工技术－研究 Ⅳ . ① TN ② TM

中国版本图书馆 CIP 数据核字（2021）第 226742 号

电子电工技术创新研究

DIANZI DIANGONG JISHU CHUANGXIN YANJIU

著　　者	蔡卫兵
出 版 人	宛　霞
责任编辑	王维义
封面设计	李　宝
制　　版	宝莲洪图
幅面尺寸	185mm×260mm
开　　本	16
字　　数	220 千字
印　　张	10.125
版　　次	2021 年 12 月第 1 版
印　　次	2023 年 4 月第 2 次印刷
出　　版	吉林科学技术出版社
发　　行	吉林科学技术出版社
地　　址	长春净月高新区福祉大路 5788 号出版大厦 A 座
邮　　编	130118

发行部电话／传真　0431—81629529　　81629530　　81629531
　　　　　　　　　　　　81629532　　81629533　　81629534

储运部电话　0431—86059116

编辑部电话　0431—81629520

印　　刷	北京宝莲鸿图科技有限公司
书　　号	ISBN 978-7-5578-8972-2
定　　价	52.00 元

版权所有　翻印必究　举报电话：0431—81629508

前　言

　　电力电子技术在电力系统中有效应用的时候，其能够起到突出作用。电力电子技术在应用的时候能够为电力系统的正常运作提供保障，有效提升电力系统的效率，促使电子系统的能耗降低，为其未来发展起到重要的促进作用。在实际应用的过程中将理论与实践综合在一起，使得核心技术的研发力度得以提升，为电力系统的发展提供相关的资金支持和人力资源，使得电力系统发电和输电及配电等相关环节能够安全有效运行，为我国的电力系统发展提供相关技术支撑，使得社会用电的需要得到满足。

　　电力电子技术主要是将电子技术在电力领域中加以应用，促使电力系统的智能电网化得以实现。电力电子技术也是集电力及电子技术和控制等为一体的综合化的领域。电力电子技术研究的是电力变换等相关内容，在电力变换的时候，主要是促使人们能够更加便利和有效地应用电能，使得人们能够得到更好的服务。电力电子技术和传统的电力技术相对比的情况下，具有对电流和电压更强的承受能力和功率。

　　太阳能发电系统属于二十一世纪比较重要的清洁能源，这一内容对于太阳能系统的研究具有比较重要的作用。对太阳能系统展开研究的时候，大功率电流转换器是比较重要的工作内容。这种转换器主要是电子电工技术应用的基础上，使得太阳能转化为电能之后能够储存起来。当前阶段，我国研发的太阳能发电系统主要是以小规模系统作为主要内容，其中缺少套样能发电的核心技术研究内容。因此，需要增强这一方面的研究，促使这一系统能够更好地为人们服务。

　　将电子电工技术在电力系统中加以应用的时候，不仅对于机电一体化的发展具有重要的推动作用，其对于电能利用水平的提升也具有有利影响，从而推动电子电工的智能化程度提高。在电子电工技术有效应用的基础上，对电力系统以往运行过程中具有的问题能够有效解决。促使电力系统的发电环节和配电环节以及节能降损环节等都能够平稳运行，促进电力系统得以持续健康发展。

目 录

第一章　电子工程设计 ………………………………………………………… 1

    第一节　电子工程设计中的问题 ……………………………………………… 1

    第二节　电子工程技术的发展 ………………………………………………… 3

    第三节　电子工程技术安全文化建设 ………………………………………… 5

    第四节　电子工程技术的现代化 ……………………………………………… 7

    第五节　电子工程的静电保护 ………………………………………………… 9

    第六节　电力系统云计算 …………………………………………………… 11

    第七节　电力系统谐波研究与治理 ………………………………………… 14

第二章　电子工程技术 ……………………………………………………… 18

    第一节　电子工程技术与五大技术的发展 ………………………………… 18

    第二节　广播电视电子工程技术 …………………………………………… 20

    第三节　电子工程设计的 EDA 技术 ……………………………………… 22

    第四节　电子工程中智能化技术 …………………………………………… 25

    第五节　单片机采用电子工程技术 ………………………………………… 27

第三章　电子电路工程改革 ………………………………………………… 30

    第一节　电子电路的设计要点及其创新 …………………………………… 30

    第二节　超低能耗电子电路系统设计原则 ………………………………… 32

    第三节　电子电路设计的创新路径分析 …………………………………… 34

    第四节　电力电子电路中的数字化控制技术 ……………………………… 36

    第五节　电子电路仿真技术与电子应用开发 ……………………………… 38

    第六节　医疗设备中电子电路系统的诊断技术 …………………………… 40

    第七节　电子电路产业基础材料市场发展 ………………………………… 42

    第八节　数字电子电路设计中 EDA 技术的应用 ………………………… 44

第四章　电子信息技术 ································ 47

第一节　电子信息技术内涵 ···························· 47

第二节　互联网＋电子信息技术 ······················ 49

第三节　电子信息技术的发展趋势 ···················· 51

第四节　电子信息技术的应用特点 ···················· 56

第五节　电子信息技术的创新措施 ···················· 60

第五章　电子通讯技术概述 ························ 63

第一节　电子通讯产品结构设计 ······················ 63

第二节　电子通讯设备的接地问题 ···················· 66

第三节　电子通讯行业的技术创新 ···················· 69

第四节　电子通讯设备的可靠性研究 ·················· 72

第五节　电子通讯行业技术创新及产业化 ·············· 75

第六节　电子通讯产品 ESD 防护及具体方法 ··········· 78

第七节　研究电子通信技术工程化应用模式 ············ 80

第六章　电子通讯技术应用发展与创新 ············ 83

第一节　电子通讯设备的可靠性设计技术 ·············· 83

第二节　电子通讯行业的技术创新探析 ················ 86

第三节　电子通讯设备的接地技术 ···················· 88

第四节　电力电子通讯设备及技术 ···················· 90

第五节　电子通讯的预编码技术 ······················ 92

第六节　电子通讯的多途径抗干扰技术 ················ 94

第七节　无线电通讯技术对汽车通讯的影响 ············ 97

第八节　煤矿通讯系统中应用无线以太网技术 ·········· 98

第七章　电工技术 ································ 102

第一节　应用电工技术与实训技能 ··················· 102

第二节　电工技术的改革创新探析 ··················· 104

第三节　电工技术在电力系统的实践性 ··············· 106

第四节　电工技术的发展与电磁兼容性 ··············· 109

第五节　当前对维修电工的技术要求 ································· 111

第六节　电工技术实践中常见故障分析 ····························· 113

第八章　电子电工技术 ·· 117

第一节　电工电子技术的现状与发展 ······························· 117

第二节　电工电子技术发展的策略 ································· 119

第三节　信息技术与电子电工技术 ································· 121

第四节　电子电工技术及网络化技术 ······························· 123

第五节　电子电工设备的三防技术 ································· 125

第六节　电子电工技术 CAI 系统的实现 ···························· 127

第九章　电子电工技术的实践应用研究 ································· 131

第一节　电子电工技术中 EWB 的应用 ····························· 131

第二节　电工技术在建筑中的应用 ································· 134

第三节　机电一体化中电工技术应用 ······························· 136

第四节　电子仿真技术在电工维修中的应用 ······················· 138

第五节　PLC 编程技术在电工电子实验中的应用 ················· 141

第六节　电子电工技术在电力系统的应用 ·························· 146

第七节　电工电子技术的多领域应用 ······························· 148

第八节　智能电了电工技术的实际应用 ···························· 150

参考文献 ··· 154

第一章 电子工程设计

第一节 电子工程设计中的问题

一、电子工程设计所存在的问题分析

整体发展方面分析：

（1）法律保障不完善。一个行业发展程度的高低与该行业的法律政策保障密切相关。在我国当前电子信息市场发展过程中，依然存在法律、法规不健全，法制保障不完善的情况。比如，相关行业知识产权法律缺少，针对行业间的知识产权纠纷问题，只能采用过往的知识产权法进行解决。因其法规条例宏观性较强，细化环节不足，故对电子信息市场的知识产权纠纷问题解决程度不彻底，降低了企业和研发人员的工作积极性，不利于整个行业和产业的发展。

（2）培养机制不健全。电子工程技术是一个技术性强的行业，对研发人员的技术水平和专业素质要求较高。考虑到我国此行业与发达国家相比，起步较晚，起点较低，因而行业人才培养机制系统性不足。高等院校与电子信息技术企业不能实现无缝对接，高校人才输出与产品市场脱节现象严重。

（3）发展战略不系统。一般而言，电子工程技术能够有效地调节和配置市场资源，形成具有自身行业特点的产业优势及特色。但其发展程度强弱离不开企业的发展战略。尽管近年来我国的电子行业规模集中程度不断提高，但多数企业在制定本企业发展规划时缺乏系统性和连续性，从长远来说这对电子信息技术的发展是极为不利的。

细节方面分析：

（1）忽视产品整体，设计态度不严谨。我国电子工程设计人员在进行产品设计时制定前期设计规划是行业内部规则。但对于部分设计人员来说，为了加快工程进度，节约设计成本，往往为了降低设计费用而忽略整个产品设计效果。例如，在设计电路时，如果因为降低设计成本，使电力线路规划不合理，势必会影响整体规划的设计效果，从而影响产品设计的质量。因此对于企业来说应该制定严格的产品研发和设计制度，加强产品设计的内部控制，杜绝此类事件的发生。

（2）理论知识缺乏，产品细节不规划。研发人员理论水平的高低对产品设计工作起到关键性作用。毕竟技术创新能力靠人才，人才创新能力靠知识。因此如果设计人员理论知识缺乏系统性，积累不深，很可能在设计产品时对具体产品细节规划不足，影响整体产品设计质量。例如，在电子工程规划中应用静电效应时，如果对静电维护理论研究掌握不足，可能会在抗静电工作主要领域产生认识偏差，从而影响静电效应使用效率，导致电子工程设计中出现缺陷。

（3）设计不确定因素较多。随着电子信息技术的不断成熟，电子工程设计的难度和高度也在提高，在设计规划中面对的不确定性因素也越来越多。因为电子工程规划不同于产品生产，它有既定的行业规划准则和标准。同时规划还需要与实际需要相符合，不能随便进行设计研发。企业规划人员需要考虑规划的合理性、理论性、市场需求性、行业规则性等，其规划设计的影响因素较多，进而受到的不确定因素也较多。例如在规划和设计防雷系统时，对系统的安全性能、数据的分析样本、信息的测量精度及产品的实际应用程度均需要进行仔细的考量，对设计和规划过程中的不确定因素进行排除。

二、电子工程设计存在问题的对策

（1）完善相关法律法规。相关政府部门应该根据现今我国电子工程技术发展现状，制定有效的法律法规政策，以为该行业的发展提供充足的法律保障。这样有助于提高研发人员的工作积极性，彻底解决行业间的知识产权保护问题，促使企业把更多精力放在产品研发上而不是与其他企业打官司上。

（2）完善电子工程企业的团队建设。电子工程企业要立足于产业全局，加强企业内部的团队建设。对于有条件的企业可以打破企业自身限制，加强与其他企业团队间的合作交流，探索适合自身企业团队的发展模式。对于各电子工程企业来说，要不断联系产品市场，以市场需求为出发点，寻找和弥补团队建设中的不足和缺陷，打造团队的明显优势和产品竞争优势，利用行业竞争不断增强团队建设的力量。

（3）企业要以发展为目的实现良性竞争。社会发展总是在不断发现问题、解决问题，再发现，再解决等诸如此类循环中发展的，行业和企业发展也不例外。对于电子工程企业来说，首先应该对自身企业实力有一个清醒的认知，根据企业实力制定适宜的发展战略；其次要根据市场需求进行良性竞争，不断加大研发投入，生产和开发消费者欢迎的产品；最后，针对竞争中存在的问题需要在既定的行业规则中进行和平解决，避免企业间发生恶性竞争或互打价格战的情况。

（4）提供良好的发展平台。行业的发展离不开优质平台的打造与经营。对于电子工程行业来说，建立良好的发展平台，可以从以下方面入手：首先，政府应该制定适宜的产业发展政策，为电子工程技术发展提供充足的法律保障，从法律层面解决企业发展的后顾之忧；同时政府也可以利用财政、税收等政策优惠来提高企业研发的积极性；其次，企业应该制定长中短的发展战略，可以基于产品经营利润，定期抽取部分资金注入到产品及新技术的研发中去，提高企业的技术创新能力，使企业发展形成良性循环；最后，对于整个电子工程设计行业来说，行业内部的企业应该加强合作交流，促进市场信息共享，建立市场竞争突发问题解决机制。以各企业信息交流合作为基础构建区域空间交流平台，整合区域内部市场资源，提高整个行业的竞争能力。

电子工程设计是信息技术快速发展的市场产物，它的行业发展水平离不开信息时代发展的大背景。对于我国电子工程行业及企业来说应该认清产业内部现状，利用政府政策引导，不断加强人才培养，加大研发投入，逐步提高自身自主创新能力，为革新行业及企业生产方式，促进社会经济发展，贡献应有的力量。

第二节 电子工程技术的发展

随着我国进入 WTO 以后，国内的发展形势大好，国内经济发展速度也上升到了一个新的阶段。国内各行业在这种发展的良好形势带动下也以迅猛的速度发展和创新着。尤其是在高科技越来越普遍应用的当下，各电子网络的技术已经越来越多地被应用到各行各业中带动着其发展，中国也因此进入了一个全新的电子工程时代。

随着电子计算机与互联网技术的不断发展，网络技术也开始进入其发展的黄金阶段，这在很大程度上推动了电子技术作为独立产业的深入与持续发展。进入 21 世纪以来，随着互联网技术对经济发展、社会发展所具有的推动作用日益明显，电子工程及电子工程相关产业的重要性也开始突显。为了更好地促进电子工程技术的发展，推动国家综合国力的提高，必须不断创新电子工程技术，促进电子工程技术的新发展。

电子工程技术作为一门独立的学科，主要是以计算机与网络技术为基本载体，对电子信息进行系统的控制与处理的学科，主要包括电子设备及相关方向系统的开发以及信息的有效处理等几方面的内容。从现阶段电子工程技术的发展来看，电子技术作为一项系统的技术开始出现产业链分化，多行业交叉的电子信息技术开始出现，很大程度上带动了一大批新兴产业的发展。电子工程技术与医学的交叉，有效推动了医学技术的深入发展，为攻克一个又一个的医学难题提供了解决思路。

一、简要叙述我国电子工程的主要内容

伴随着我国计算机技术以及互联网技术的不持续发展，我国的网络技术现在已经进入了发展的快车道，这样就使得我国的电子工程技术有了一个发展以及创新的技术支持以及动力。作为一项独立的产业，我国的电子工程技术已经在逐步地发展以及完善过程中。时间进入到 21 世纪，互联网技术的发展已经在我国的经济发展以及社会进步中起到了主要

作用。电子工程技术作为互联网技术的一个主要分支，也在这一过程中凸显其重要性。因此，我国为了经济的发展以及社会的进步，必需大力发展电子工程技术。电子工程技术作为互联网技术的一个主要分支技术，最主要的技术载体就是计算机技术以及互联网技术。电子工程技术就是要依托上述的两种技术来对电子信息实行系统性的控制以及科学的处理。电子工程主要包含了两个大的方面。第一个是电子设备的系统开发；第二个是电子信息的科学有效处理。目前我国的电子工程技术发展较快，作为系统性的工程技术现在已经呈现了产业链的分化态势。我国的很多行业已经同电子工程技术有了较为科学的融合与交叉，这样的情况已经在我国带动了很多行业的共同进步以及发展，为我国的各项事业的发展贡献了力量。

二、电子工程的现代化发展趋势

在新的历史条件与发展阶段下，国家需要不断推动电子工程的现代化发展，推动电子工程技术、计算机技术、微电子技术的发展，全面实现社会的信息化与数字化。

不断完善相关科技法规与政策。电子工程产业的发展与完善，以及电子工程产业与医学领域及其他相关领域的结合发展，均需要不断推动计算机与网络环境下的三网融合；不断提高相关技术标准与产业标准，保证产品的创新性；充分发挥国家政策融资优势，不断完善相关的科技法律规定与政策，重点推动中小企业电子工程的发展，突出电子工程对医学与其他领域的贡献；发挥政府在改革完善过程中的基本保障性作用，推动电子工程产业的全方位系统化发展。

不断推动产品的有效融合，实现产品创新。电子工程技术与产业的发展，需要电子工程企业与其他相关部门之间实现有效的合作。不断推动电子产品的生产，不断寻找产品的创新点，并提高应用的规模，创建完善的创新与改革机制体系，全面推进电子工程产业的创新性发展，推动产业技术研发能力的提高，进而推动整个电子工程产业的体系完善。

不断推进电子工程产业与企业的技术性改造。电子工程产业类企业要从企业自身实际发展状况、未来发展方向等角度入手，不断从自身做起，深化产业产品创新体制改革，优化企业内部管理结构与管理模式，不断增加融资性投资机构，推动电子工程产业实现技术上的深入发展与突破。并在此基础上不断调整自己创新发展的基本战略，实现与其他电子工程企业的联合，并推动形成与国际电子工程产业标准的有效对接，保证电子工程企业真正实现持续发展。

推进产品和服务的融合创新，培育新的增长点。加强设备制造企业与电信运营商的互动，推进产品和服务的融合创新，以规模应用促进通信设备制造业发展；加快建立以企业为主体的技术创新体系，提高我国电子信息工程产业的核心技术研发与制造能力；促进技术创新和业务创新，推进科研基础平台建设和共享机制、创新服务体系的建设。

国家与政府加大扶持力度。底子工程的发展需要有国家的政策与财政支持，因此国家需要不断增加政策与财政支持力度。政府相关部门要以电子技术的深入发展为主要发展切入点，不断加大对电子产业的扶持力度。拓宽电子产业融资渠道，深化计算机技术的普及，并不断鼓励新兴的电子产业的发展。奖励电子产业与医学及其他相关学科的有效结合及产生的优秀成果，不断规范电子工程行业的基本标准，推动电子工程的现代化发展。

三、简要叙述我国电子工程进一步发展需要实施的相关措施

现阶段根据我国对电子工程的进一步发展规划以及思路，我国的电子工程行业需要切实有效地实施相关的保障发展的措施，这样才能够在根本上保障我国的电子工程进一步取得良好的发展。措施一：要在电子工程产业中不断地创新产品以及相应的服务，不断寻找以及培养新的技术增长点。措施二：我国电子工程相关管理部门要鼓励一系列软件以及集成电路的发展扶持政策，不断完善相应的科技标准以及政策。措施三：我国要大力推进电子工程相关企业的技术创新改造。措施四：我国的电子工程技术企业要不断强化技术保护意识，严格遵守相关的知识产权规定。

四、简要叙述我国电子工程技术在我国建筑行业中的主要应用

通常我们将建筑物防雷装置分为两大部分：外部防雷装置和内部防雷装置。外部防雷装置是传统的常规防雷装置，其作用是保护建筑物免遭直击雷。除外部防雷装置外，所有防雷保护的附加措施均为内部防雷装置，措施主要有屏蔽、均衡电位（等电位）、合理布线和良好接地等。其作用是减少建筑物内的雷电流和电磁效应，以防止雷电感应所造成的反击、接触电压及电磁脉冲等雷害。

电子工程产业是我国经济发展的新的增长点。为了更好地发展国民经济，在政府的政策引导下，应该发挥社会各方面的力量，重视电子工程的发展。使其走向现代化，国际化，更好地促进我国综合国力的提高。

第三节　电子工程技术安全文化建设

随着我国经济的高速发展和增长模式，未来对电力的需求也在一直增加，这对电力行业发展的稳定、健康，乃至持续发展提出了更高的要求。没有电力，就没有现在高速发展的信息时代，它是现代社会保持高速发展的基础。伴随着电力时代的进步，电力安全成为不可小觑的问题，它需要电力工程企业全员的重视，他们身上担负着社会安全与生命安全的双重使命。

自18世纪开始，西方科学家开始研究电流现象。直到19世纪末期，由于电机工程学的进步，把电带进了工业和家庭中。作为能源的一种供给方式，它给人们、给整个这个世

界带来了翻天覆地的变化。时至今日，我们的方方面面都离不开电能。它早已融入我们的生活，成为我们生活中不可或缺的一部分。

然而，电能带来的不仅仅是惊喜，还有时时刻刻对人们的警醒—安全。它的危险性也是极高的，稍有不慎，就会引起火灾，损害生命。因此，作为负责承载电能输出的电力企业，安全文化的建设与实施成了企业工作的重中之重，也是电力企业不可推卸的责任与义务。

一、电力工程管理与安全的基本现状

电力工程安全管理制度不完善。每个行业都有相应的规章制度，国家也有相应法律法规。但随着时代潮流的进步，电力设备也在不断更新。加上社会实践的增多，不少新的安全问题浮出水面，有待电力工程管理人员解决。因此，电力工程安全管理人员应定时开展安全研讨会，大家互相交流，增长经验，把安全系数提高，安全隐患降到最低。安全文化建设的管理是一个相对漫长的发展过程，它需要相关制度的规定，需要全体电力工作人员的遵守，需要全体工作人员的参与完善。

电力工程管理从业人员整体素质有待提高。尽管每个社区，每个村落，都配有电力管理员，但往往是没有经过正规培训直接上岗，个人素养与专业能力往往不能胜任这一带有高度责任感的岗位；并且安全意识不高，做事效率拖拉，对于安全隐患问题不能及时解决。有时多等待每一分，每一秒，都会引起火灾，人员伤亡等不堪设想的后果。甚至会有个别电力管理员，在检查线路时，粗心大意不佩戴绝缘手套，不用电笔测试是否有电，不关闭设备就直接断闸，这样都很容易发生危险。

电力工程管理中安全管理工作不能落实。现在很多电力企业工程施工与电力企业工程安全管理都存在脱节现象。在电力施工过程中，施工团队往往会根据实际情况，更改设计方案。这种情况并不会反映给安全管理部门，极易增加电力安全隐患。同时，由于安全管理部门的懈怠，也不会对电力施工过程中的每一步进行有效监督。加上电力领导对安全问题的重视程度不足，一旦出现任何问题，企业与施工单位只会互相扯皮，互相推诿，并没有对自身存在的问题进行检讨。

二、电力工程管理中安全文化的建设

树立并提高安全责任意识。动员全体电力员工，培养安全责任意识，宣传安全责任大于一切等标语，坚持以人文本。根据不同部门的工作内容，划定合理的安全责任区。一切以安全生产为基础，不定期进行安全信息交流。对于电力工程下属承包单位，一定要严格审核施工资质，实行公开竞标，排除因靠人际关系而流入的资质不全的关系户。签订安全协议，明确双发的责任与义务。电力施工工期　般都比较长，建设过程中也需要大量的资金，以及大量的人力物力。涉及到的工种也比较多，施工过程复杂，这更需要我们做好足够的安全准备。在电力施工过程前，对施工人员进行安全与专业技术考核，考核达标者才可参与施工，并发放个人安全装置。学会辨认现场危害因素，应急措施及医疗急救知识；然后在施工现场宣传安全警示标语，提醒施工人员安全的重要性。这不仅是对参与施工人员的个人生命安全的保证，还是对整个电力工程质量的安全性保障；在施工过程中，安全监测人员从设备引进开始，就要对设备进行安全检查，保证电力设备是合格的、标准的，防止不法分子以次充好。其次是电力的线路质量，到施工人员的操作的顺序，步骤是否得当，有问题及时沟通解决。最后，在完成电力工程后，对后续负责养护的电力工作人员进行电力施工过程讲解，需要注意事项，都应交代清楚。

提倡预防为主的安全生产理念。身为电力工程部门从业者，更应该知道安全的重要性。安全问题一旦出现，必定会造成不可估量的损失。因此应大力提倡预防为主的安全理念，每天定时检查电力安全设施，提前佩戴绝缘手套，随身携带电笔。线路出现故障时，先关闭设备，然后断分闸，最后断总闸，把一切危险降到最低；并做好登记记录，包括使用日期，修理日期，零件更换日期，最大力度排除一切安全隐患，对有安全隐患的设备进行及时修复。同时欢迎社会各界人士对电力安全问题提出宝贵意见或建议，也欢迎人民群众对有安全隐患的电力设备致电相关部门，最大程度降低灾害的发生。

电力工程主管部门做好安全培训工作。安全问题并不是纸上谈兵，它应建立在每个人的心里，成为某种意识。这时电力部门领导要做好员工安全培训工作，把员工日常工作中的每一项安全监测都落到实处，欢迎员工对安全问题进行提议、改进。

三、电力工程管理中安全文化建设的意义

对电力工程的安全管理，不仅仅是对家庭、对工作、对个人生命的负责，同时也是对整个社会的负责。在安全管理问题上，我们要继续坚持以人文本，树立安全生产观；以可持续发展为根本，推动电力工程安全文化建设的发展。同时在可预见性的问题上，积极鼓励工作人员，不断完善，提高生产作业，加强安全预警，做到防患于未然。安全生产问题，从来都不是一个人的工作，而是全体电力工作人员的共同努力。

电力工程安全文化是电力企业长久立足的根本。在日新月异的当今社会，诚信对于一个企业而言尤为重要。不把生产安全放在第一位的电力企业，必定失信于人民，失信于国家。只有建立安全生产的管理机制，才能让电力企业在这片热情的土地上扎根、壮大；才能让企业更好地发展，更好地为社会、为人民服务。

第四节 电子工程技术的现代化

电子工程技术是当代应用非常广泛的一门科学技术。电子科学技术实际上属于电气工程，主要以计算机网络为基础，实现对电子信息系统的调控和操作的一门科学。电子工程

技术的最大特点，就是能够实现行业的智能化，大大提高了各行各业的生产效率，因而应用范围非常广泛，为我国的国民经济发展做出了很大的贡献。此外，电子工程技术主要以电子产品的研发和制造为主，而这些电子产品正好是计算机、智能制造和交通运输等行业的关键生产资料。由于电子工程技术在工业和制造业等领域的重要作用，国家历年来都重视对电子工程技术的发展。人才培养，新产品的研发和制造工艺的优化都是电子工程技术发展的主要方向。

一、电子工程技术发展的重要性

尽管电子工程技术在各个行业发展中做出了很大的贡献，但是，随着经济的不断发展，工业、制造业和交通运输业发展一定程度后也遇到了许多技术瓶颈。因此，经济的发展对电子工程提出了更高的要求，现代化也必然成为了电子工程技术的发展趋势。

我国的电子工程技术应用广泛，行业发展也取得了很大的成绩。对于电子工程的关键和核心技术，我们还不能熟练掌握。这是现在我国电子工程发展的最大壁垒。由于核心技术的缺失，我国很多的电子零件只能从国外进口，这些产品价格高，运输周期长，显然无法满足我国现代经济发展的需要。因此，发展我国的现代化电子工程技术就成为了急需解决的问题。

电子工程技术发展的目的是与其他行业的融合，电子产品为其他行业的发展提供关键的生产资料。对于计算机、互联网和智能机器等行业而言，这些行业发展迅速，技术实力也越来越强大，对材料等零部件的要求也越来越高。电子工程技术要想仍能与这些行业一体化，加大融合力度，也只有加大现代化发展的速度，这也是现代社会发展的基本需要。

电子工程技术的现代化对推动我国经济发展的现代化和人民生活水平的现代化有着很重要的意义。电子工程行业的现代化，能够有效促进我国工业现代化的发展。同时，现代化产品也丰富了人们的生活方式，促进了人民生活水平的现代化。

二、电子工程技术的应用

电子工程技术的应用范围很广，其应用水平也体现了一个国家的信息化发展程度。对于电子工程技术而言，其最大的一个应用领域在于单片机方面。

单片机的发展决定了计算机的集成化和微型化。我国单片机发展起步晚，许多技术还不能熟练掌握，产品的生产制造业存在很多问题。而电子工程技术的现代化发展能够帮助单片机的创新和进步。单片机中的通信接口、串行通信和仪表连接等方面都可以用到电子工程技术。电子工程技术能够解决单片机与计算机的连接、帮助单片机的数据传输，实现单片机高集成度和微型化的发展。

再者，电子工程技术的现代化也与智能制造向联系。电子工程技术可以通过电路优化、控制系统和网络的设计，使得传感效率提高。同时，电子工程技术还可以应用于医学领域，医学中的一些核磁共振、X射线等医疗设备都能应用到电子工程技术。电子工程技术还可以促进医疗设备的信息搜集和传输、图像化的过程，帮助医院提高医疗水平，实现科学管理和工作。

此外，现代化电子工程技术在治理水污染方面也开始得到了应用。随着我国经济发展，工业污水排放和城市生活污水的治理问题成为了社会关心的主要问题。电子工程技术能够有效提高污水监测和污水处理机械的工作效率，为无污染的治理提供了很好的技术支持。随着我国环保意识的增强，环境问题的日益严重，电子工程技术在水污染治理或者其他污染治理方面的应用将得到进一步推广。

三、电子工程技术发展方向

未来，我国电子工程技术的发展主要依据于经济现代化发展，以突破核心技术，服务经济和社会发展为主。其中，电子工程技术发展首先以满足市场发展需求为主。在市场经济时代，只有能够运用于市场、满足市场需求的技术才能得到有效的推广和发展。因此，满足市场发展需求是电子工程未来的主要方向。

针对我国电子工程核心技术掌握程度不高的问题，未来，加大对该类技术的自主创新是工作的重点。随着各个行业对电子工程技术要求的增高，电子工程技术的创新和工艺优化是一项艰巨而又极具意义的工作。自主创新不仅能促进电子工程的快速发展，也能为我国科技力量的提高和竞争能力的增强很有帮助。此外，电子工程技术的现代化要以服务经济和社会发展为主。技术的进步是以服务社会和经济发展为目的的，因此，电子工程技术的现代化发展方向也要符合人民生活现代化和经济现代化的发展，要能够促进行业的进步和生活水平的提高。

第五节　电子工程的静电保护

这里所提到的电气工程从传统意义层面的说法则是说使用在创造产生电气和电子系统的所有学科的总和。然而受到日新月异发展的科学技术的影响，这也就会导致处在现代电气工程已经早突破定义中对其予以涉及的广泛范围。

根据对电子工程进行分析，那么就能够了解到从本质上电子工程属于电气工程的一个子类，还是属于面向电子领域的工程学。属于进行电路和电磁场、系统、微波、通信技术、数字信号处理等这些领域研究的一门工程学，另外还必须进行充分了解的是，电子工程还可以将其叫成信息技术或者弱电技术，能够更为深入地划分成为三种具体的技术。这三种技术所存在的差别为：电子技术、调整技术与电测量技术。随后通过将其界定在具体性的应用层面来看，不只是包含着各种类型的电动设备，除此之外，往往还会涵盖着运用了信息技术、计算机技术、控制技术等各种不同类型的技术的各种电动开关。以上所提到的开关和设备能够为当前我们平常的那些工作、学习、生活带来比较大的方便，并且属于当前我们的生活必不可少的一部分内容。针对这样的情况，能够有效地体现出电子技术与电子工程发展所面临的十分重要的意义。

一、产生静电与导致的各种类型的影响

根据对静电现象进行分析，那么就能够发现其所出现的静电除尘、静电涂敷、静电复印等这些方面能够为我们带来比较多的便利。然而静电现象还能够在我们的日常生活当中，尤其是电子与微电子工业生产领域带来比较多的危害与不便。在当前高速发展的电子工业背景下，人们更为注重静电所导致的危害。

在这里所涉及产生的静电，更为本质的就是指静电的存在形式，静电将其简单化，那么这也就是指存在于物体表面不足或者过剩的静电电荷，相应的静电产生或者是存在仅仅是属于处于某一特定领域范围内的正电荷和负电荷两者之间出现失衡导致的。然而在当前我们的日常环境中静电现象是属于一种十分普遍的现象。比如通过使用塑料的梳子梳理头发的过程中，那么导致的情况是头发并不会熨帖从而相互之间排斥而出现飞起来的情况。除此之外，还有的就是说在相对比较干燥的秋季与冬季这样的季节里，如果人们脱衣服的话往往可以听见噼啪的声音，这些所指的都是属于静电的表现形式。总综上所述，产生静电主要存在着以下的几种方式，主要的类别为温差、电解、冲流、接触、压电、冷冻、摩擦等。

随着在产生或者存在相应的静电之后，那么就会导致处于周边的环境中可以形成相应的静电场，这样的静电场就会紧接着导致出现静电感应效应、放电效应、力学效应。按照这些不同的效应所存在的各自不同的特征，那么就会不同的影响着周边存在的物体，力学效应所造成的影响仅仅涉及的是对于轻小物体的吸附作用；电力效应则会导致电子电流进行流动，导致初夏热与发出一定程度的声响，而且在这一过程中，还能够导致出现宽频带电磁辐射。凭借着相应的介绍，那么就能够了解到以上所提到的这些效应根本就不会导致出现比较大的危害。然而处于电子工业领域范围内，就会存在着更为严重的危害，特别是处于微电子工业领域导致的危害。以下则是针对具体的三个方面对其所导致的危害实施阐述：第一就是基于力学效应层面进行分析，所导致出现的静电吸附严重危害着半导体的制造，使得半导体的成品率大幅降低；根据对比之前的两种效应，最为严重的危害则是通过静电的放电效应所导致的，其后果是击穿破坏元器件。这样的危害就是指 ESD，其主要的形式为软击穿与硬击穿。这里所提到的硬击穿所指的就是属于一次性导致击穿、烧毁等，，导致芯片介质出现永久性失效；软击穿所指的就是导致器件的性能劣化或者降低参数指标而逐步形成的隐患。那么在使用过程中，受到器件出现的参数变化很可能导致整机运行不正常，或者是通过一段时间的运行之后不能正常工作，从这就能够发现，与硬击穿进行对

比，软击穿往往存在着更大的危害。除了以上所提到的之外，静电感应与静电放电过程中所导致的电磁脉冲能够破坏静电敏感器件。

二、电子工程领域静电防护的措施

根据以上所介绍的导致静电危害的主要为静电场导致的三种效应，那么以下则是按照这样的三种效应，相继提出几种电子工程领域静电防护的具体措施。

划分防静电工作区域。针对所提出的这样的途径，那么其主要的必须做到十分明确地分离出各个不同的技术要求、规格的电子元件、配件等制造要求，借助于具体的模拟实验将静电敏感的级别予以鉴定。基于此根据这样的标准决定实施生产的具体车间，以便能够从根本上将电子工程中静电影响敏感期间有效避免。

防静电工作区基本环境要求。防静电工作区环境的基本要求就是必须确保拥有整洁的周边环境，可以有效的避免堆积灰尘或者是漂浮的状态发生。而且在这一过程中，还应该对环境中涉及到的各种类型的材料与材质充分考虑。天花板、底板等这些都必须有效遵循这一原则，还可以对环境适宜的温湿度提供保证等。

人体防静电系统与防静电设备的投入使用。由于电子工程实施必须依托人的参与，那么就应该实实在在地保证人体的防静电系统。首要的就是存在着鞋帽、衣着要求，应该根据要求着装，如果有必要的话还应该规定的防静电设备；具体的防静电设备有着比较多的类型，那么应该根据具体的环境不同实施相应的搭配与选择，其必不可少的有容器、存放架、防静电辅助工具、包装、防静电运输工具、防静电安全工作台等。

在我们平常的日常生活中电子工程往往发挥着十分关键的作用，而且在这一过程中，还能够更为深入的了解到静电存在的各种效应极大的危害电子工程，针对这样的情况，那么就应该切实意识这点，下大力气借助可以联想到来的具体途径当成最佳的静电防护，确保能够稳定、安全持续发展电子工程，以便可以为整个社会与国家进步起到有效的推动作用。

第六节　电力系统云计算

本节探讨了云计算，及云计算技术的特点，分析了云计算在电力系统构建中的关键技术，研究了云计算在电力系统中的具体应用，为电力系统的优化发展提供参考。

随着计算机信息技术的不断发展，网络在各行各业中的应用非常广泛。正是因为有了网络计算与存储等服务，人们的生活发生了翻天覆地的变化。在一定程度上，云计算技术是一种新兴资源使用模式，促进网络的发展，并逐渐成为网络技术中的核心技术，改变数据访问、应用模式，并可实现高效、安全的应用交付。在电力系统中融入云计算技术，使得电力系统的运行迎来了质的改变。保障电力企业高效工作，有利于电力行业实现新的突破。

一、云计算的概述

云计算是一种基于互联网的计算方式。通过云计算，可以有效实现硬件资源和信息共享，方便用户使用。基于当前使用软件包部署和发布的情况下，云计算以其维护成本低、部署方式简单、更有利于构建基于多租户模型的服务系统，引起了社会各界的高度关注。现阶段，云计算主要提供 3 种服务模式，即：基础设施即服务 (Iaas)、平台即服务 (Paas) 和软件即服务 (Saas)。在这 3 种模式下，计算工作由位于互联网中的计算资源 (Iaas) 来完成。用户只需实现与互联网的连接，借助诸如手机、浏览器等轻量级客户端，即可完成各种不同的计算任务，包括程序开发、软件使用、科学计算乃至应用的托管等。

二、云计算技术的特点

具有虚拟化共享性质。云计算实质上是一种虚拟化的存在，是看不见、摸不着的。考虑到其虚拟化的特点，因此云计算在进行各种操作的过程自然而然会带有虚拟化特性。对于计算机内的资源，在云计算模式下，所有的都是不加密的，用户可以无限使用其所有的资源，因此整个互联网上所有资源，都具有共享的性质。

提高工作效率。一般而言，云计算具有非常高的智能化和自动化水平。通过虚拟化云平台，可以集中用户，并且实现信息的维护。其不仅能够提高信息发布的速度，同时还能保障信息安全。此外，云计算可以提高设备的使用性能，有效延长设备的生命周期，这是传统的信息系统无法实现的。该技术在降低客户端升级频率的同时，还极大缩短了升级时间，很大程度上保证了信息系统的稳定运行，提高了整个信息系统信息发布和管理工作的效率。

提高规模效益。由于具有计算和整合资源的特质，在电力系统中应用云计算，可以最大程度上整合电力公司中大量重复出现的或者闲置不用的资源，在避免资源浪费的同时，还极大地减轻了计算平台的压力。与此同时，电力公司在信息系统方面的人力物力投资可以得到有效控制，从而减少电力企业建设运行投资成本，提高规模效益。

三、云计算在电力系统构建中的关键技术

海量数据管理技术。在电力系统中，云计算平台主要为大量用户提供支持，因此系统内会产生海量数据，每个用户都有自己的数据。另外，在应用仿真电网空间和时间时，也会出现大量的附加数据。因此可以采用数据库优化技术，提升海量数据管理效率。采取控制策略，同时结合电力系统特点，将数据库中未使用的数据存储到磁盘文件中，以缩减数

据库记录数，从而进一步提高数据库的访问性能。

动态任务调度技术。在电力系统中，其计算任务具备暂态、稳态等多样性。而且考虑到计算时间的不确定性，并且在计算过程依附性很明显，从而导致在调度计算任务方面的难度加大。所以，应结合本地文件和分布式文件，并且采取动态分配与任务预分配相结合的方式，达到电力系统运行效率提升的目的，这不仅降低了调度管理、数据传输的时间损耗，同时还极大地提高了资源利用率。

数据安全技术。在电力系统中运用云计算技术，由于数据需要进行分布式存储，因此会不可避免地面临系统内安全问题和数据安全问题。因此，对于数据管理、资源认证、权限管理、用户管理等技术的研究，也是极其必要的。通过运用数据加密技术，可以有效提高数据安全性和完整性，并加强云计算对数据的保密。比如：为了解决数据安全问题，可以使用来自华为的 IaaS 层资源管理软件。此外，数据安全技术的应用，不仅是提高系统中用户数据安全的重要保障，并且可以实现数据的有效调取和安全共享。

一体化数据管理技术。将一体化数据管理技术与模型运用到系统多级调度中是非常重要的。为了实现数据模型的统一，通常是采用一体化数据管理技术。其可以控制和降低不同模型转化而造成的数据错误与损失，采用统一的计算数据标准与电网模型标准。当前数据模型中，EICCIM 国际标准是常采用的标准；在规范数据交换方面，主要使用国网 E 格式；在计算输入数据方面，一般是以 PSASP 和 BPA 兼容的模式为主。

四、云计算在电力系统中的具体应用

信息和网络系统深化应用。随着信息技术的升级创新，造成了企业终端与日俱增，应用系统分布也越来越复杂化。面对这种情况，只有为每个业务配备相应的软硬件设备和存储设备，系统才能够正常运行。然而这却不利于软件的后期维护，同时导致资源的浪费。针对以上问题，云计算技术的出现和应用，使得这些问题迎刃而解。在电力系统中运用云计算技术，通过智能云将电力系统内网中海量的计算进行拆分，从而瓦解成较小的计算块，并利用多台服务器进行处理，然后将处理后的结果及时反馈给客户。该种方式工作效率极高，使得智能云在短时间内可以处理庞大的信息。

电力系统安全分析与协调控制。现阶段，在电力系统中，最经常使用的是采用时域仿真分析对暂态稳定问题进行分析。然而针对特殊问题，比如大电网由于数据量庞大，时域仿真计算量自然也会过大，所以此时最好采用离线分析。此外，为了提高仿真速度，可以在电力暂态仿真计算中利用云计算，以实现在线分析。

电力系统潮流计算平台。通过云计算的应用，可提高电力系统潮流计算速度，优化潮流计算方法。利用最优潮流并行算法，在对预想事故进行运算时，可通过分组的方式，将其分配到不同的处理器进行分析。并运用牛顿法的并行潮流解法进行分解、协调等，有效解决分类系统中出现的各种问题。利用多个处理器来计算求解，对需要处理的预想事故数目进行准确计算。

调度与监控系统平台。电力市场进入深化改革阶段，同时随着分布式电源的出现，系统逐渐向分布式控制转变。利用云计算平台，实现分布式控制中心信息协作和共享。在将来的电力系统中，分布式电源将会逐步普及，系统运行控制、调度计算量将逐步增加，在电力系统中，利用云计算可实现信息采集与实时监控。

综上所述，云计算的发展目前还处于初步阶段，其在电力系统中还有很大的应用空间。云计算可以促进电力系统的高效运转和安全稳定。而云计算平台的构建，不仅可以提升电力系统的信息储存、处理以及互联等。与此同时实现对电力系统协调控制的优化，其重要性不言而喻。电力系统的整体性将会优化，尤其是在线分析与协调控制方面，推动电力系统的可持续发展。

第七节　电力系统谐波研究与治理

随着人们生活质量的不断提高，越来越多的家用电器走进了人们的生活中。在这些家用电气设备中，例如电力机车、电弧炉、电子装置等非线性的设备，这些非线性设备在进行应用的过程中会出现电子谐波，电子谐波的问题会严重的影响电网的供电质量。在整个电网供电系统中，有着三大因素影响电网的整体供电质量。这三个危害分别是功率因数降低、电磁干扰、谐波。这三个因素的存在严重的影响着整个供电网络的供电安全。其中谐波的出现会使整个供电网络出现电力污染、系统电流，增加了电力原件的损耗。在进行电力的传输过程中谐波的出现不仅仅造成了电力污染，更是为电力的传输安全造成了严重的威胁，阻碍了中国电力事业的进一步发展。

一、谐波的产生

谐波的概念。电力网络在进行电力传输时，会出现电力周期电气量。这种周期电气量的正炫波分量是基波频率的整数倍，这样的现象就叫做谐波。谐波的电流源在进行使用的过程中会出现谐波，在非线性的电气进行使用的过程中，如果被加入了非线性的电压，就会导致电气在进行电流的吸收时吸收到的能量源与本体所需要的能量源不同，这就会产生电流畸变。这种畸变的电流通过线路间的连接进入到了电网之中，使整个电网中的电流质量发生变化，这就使得设备成为了一个谐波源。在线路电流的传输过程中，电流的质量问题以及电路电压的变化都与电路谐波的出现有关。

非线性谐波。在日常的生活中，易出现电路谐波的就是非线性电子仪器。这些仪器在产生谐波后就被称为非线性谐波源。在现在的社会生活中，科技力量不断的发展，越来越多的电子仪器被制造并且广泛应用在人们的生活中。经济与科学的高速发展，使得在电子仪器的制造过程中会融入大量的电子仪器和电子元件，这些原件在进行生活作用的发挥时会出现谐波的产生，这些电子设备就被成为非线性谐波源。当这些电器与电子装备和二极管等电路的控制装备进行连接时，不管是进行开关的关闭和开启，都会产生谐波电流。这种谐波电流在进行产生的过程中会通过电路融进电网中，导致电网中的电流质量发生一定的转变，造成电路故障。同时在电弧炉与旋转电机等非线性的设备进行运转的过程中也会产生大量的谐波电流。其中变压器与旋转电机在进行使用的过程中所产生的谐波电流，占整个电路谐波的较大部分。这些谐波电流的出现，使得旋转电机和变压器在运行的过程中出现电流运转不稳定的现象，最终可能导致非线性设备的损坏。

在一些气体放电类电光源的使用中，伏安特性非曲线出现的次数较为频繁。这种非特性曲线在进行电路传输的过程中会形成线性电流，这种电流进行电网电流传输，与电流相互融合，造成整体的电流质量下降，使电网中出现奇次谐波电流。家用电器在进行使用的过程中会产生较少的谐波的电流，但是随着人们生活质量的不断提高，人们购买的电气设备也在不断的增加。这些不断增加的电器所产生的谐波电流综合起来就会对相应电路的电流传输产生影响，造成电流的传输安全事故。

二、谐波所产生的危害

谐波产生后会严重地影响电网的质量。随着中国经济的迅速发展，中国的企业在进行生产的过程中会消耗大量的电能。并且人们生活质量不断的提高，在家用电气的购买上也会选择一些大功率的电器。这些电器在进行使用的过程中仅靠原有的线路进行电力供应已经不能够满足需求，为了保证电力供应的稳定性，国家在进行电力传输的过程中，将单个线路进行了组合，这种组合形成的网络就被称为电力网络。电力网络在进行使用中能够为用户和企业传输高质量稳定的电流。但是在电流的传输过程中难免会出现谐波电流，这些电流在进行传输的过程中会造成电路网设备中的原件损坏。并且损坏的原件在继续产生电流的过程中也会产生谐波电流，这样就会降低原件产生电流和进行电流传输的效率，同时在进行谐波电流的传输时，谐波电流和谐波频率会产生一些同层次的有功率和无功率，这些无功率的谐波电流在进行传输的过程中没有实际的传输作用，但是却占据着一定的传输空间。降低了电流网的电压，浪费了电路的容量空间，这些空间的占用降低了电路上电流的传输效率。

谐波电流会对线路安全造成影响。在进行电流的传输中，不同的线路原件和线路上的相关用电器都会因外界的影响产生一些谐波电流。这些谐波电流的出现是人们无法预测的，并且在现在的电路中，国家为了保证线路的传输质量和传输的效率，通常会进行多条线路的并接传输。这些线路在分离的过程中会与不同的用电器进行连接，在电流的传输中产生不同的谐波电流，这些电流在形成的频率上也各不相同。实行线路的并接后，这些不同频率的谐波电流在进行传输的过程中一旦相遇，就会依据各自的频率进行叠加。依据谐波电流的电流功率，三条不同的谐波电流在进行叠加的过程中会产生大量的热量，这些热量足够使一条线路发生燃烧。现在的线路都是相互并联的，任何一条线路在进行电流传输的过程中出现线路燃烧的现象都会影响整个线路的运行安全。谐波电流在进行传输的过程中，如果功率较大就会使线路承受着比规定功率更大的电压，这样的使用频率会加重线路的损坏，影响线路的使用与电流的传输速率。

对电力设备的使用造成危害。谐波电流在进行使用的过程中不仅仅会对线路的使用造成一些影响，也会对用电器的使用造成一些破坏。首先在谐波电流出现的电路电器中，电力电容器的使用就会受到一定的威胁，谐波电流的产生频率与正常电流的频率会有所不同。这些电流在进行电容器的传输中，会因为传输频率的不同，使得电容器的损坏功率增加。这种损坏功率增大的影响就是使电容器的发热功率不断的增加，最终就使得电容器异常发热。这种电容器异常发热可能会造成电容器的热损毁，即使电容器不会因温度过高导致损毁，也会因为温度过高加速电容器的老化，缩短电容器的使用年限，为电容器的安全使用造成一定的威胁。

谐波电流在流经电器时不仅仅会造成电容器的损毁，同时也会造成变压器在使用过程中出现异常的发热。谐波电流在传输的过程中除了使变压器出现异常发热的现象外，还会使得变压器的铜损率增加。变压器在进行传输使用的过程中，铜损会造成变压器的磁泄露，这种现象发生会降低变压器的使用年限，减少实际的电磁容量。在谐波电流流经用电设备的过程中，会增加用电设备的附加损耗，增加机械效率，整体用电设备的功率减少。这种情况最终就会导致用电器在进行使用的过程中出现日常发热的情况，电动机的发热会降低用电器的工作效率。谐波电流对于短路器的影响主要就是在短路器发挥作用的情况下，谐波电流因频率与正常电流的频率有所差距，在进行电流的传输时可能会因为传输电流的频率不同，对短路器的正常运行造成一定的影响。这种影响的出现使断路器不能按照正常的工作步骤发生活动，在对线路进行断通的过程中可能会出现。

三、对于谐波所造成危害的相应治理

无源滤波器的应用。电路中的谐波电流在线路中的电流传输过程中会对传输线路和使用电器造成一定的影响，这种影响会严重地降低电流的传输效率和电力的使用的质量，影响线路整体的传输安全。因此在进行谐波的处理中应当使用一定的手段和设备，对这种电流进行必要的处理，保证电力的传输和使用的安全。无源滤波器在进行使用的过程中能够有效降低线路中谐波电流的产生。无源滤波器是由用电抗器和电容器进行串联而成，组成一个相应的电流回路。这种无源滤波器的使用原理是在使用的过程中串联到系统线路中，并且在进行电流的传输时按照设定的频率进行一定的电流频率筛选。这种筛选的最低频率限度是谐波电流所具有的频率，在进行了谐波电流的筛选后，将所筛选出的谐波电流按照一定的频率进行支路的分离，使正常电流和谐波电流在经过过滤器后能够进行一定的分离，并通过不同的线路进行传输，这样就能够在电流传输的过程中将谐波电流消除。无源过滤器在进行使用的过程中主要是对其在正常电流中的频率进行了一定的改变。这种频率的改变使电源的阻抗发生了一定的变化，只适用于稳定的供电系统。

有源滤波器。有源滤波器可以说是无源滤波器的一个改进，这种改进使得滤波器在进行使用的过程中能够在额定的无波功率中，滤波的效果达到百分之百。这种有源滤波器的使用原理，就是在电流传输的过程中一旦发现谐波电流就会在源设备上产生与谐波电流相反的电流。这种反制电流在传输的过程中会与原有的谐波电流相互抵消，使谐波电流对于线路的影响消失。有源滤波器在组成上主要包括三部分，这三部分分别是谐波检测、控制和逆变。系统在进行电流的传输时会进行电流的筛选，这种筛选会在电流中将谐波电流进行筛选。筛选出的电流被系统进行控制，最终被源设备产生的反制电流抵消。谐波电流在经过有源过滤器的筛选之后会抵消掉，不会对用电设备以及传输线路造成影响，提高了电流的传输质量以及用电的安全性。

电流的正常传输对于我国经济发展以及社会的长治久安有着重要的影响，但是在进行电流的传输过程中会出现谐波电流，这种电流的出现会降低用电质量造成安全事故的发生，因此在进行电流传输的过程中应当采用一定的措施对谐波电流进行消除。

第二章　电子工程技术

第一节　电子工程技术与五大技术的发展

随着电子工程技术的发展，对很多领域会产生重大的影响。本节从国防事业的发展、汽车行业的发展、商务发展、标签技术发展、医学的结合几个领域进行详细阐述。

一、电子技术与国防发展研究

电子技术与国防事业的结合，产生了军事电子技术的概念。军事电子技术是指在军事系统和装备中使用的电子技术，包括军事电子材料、军用电子元器件、军用软件、军事通信技术等。微电子技术是保持军事技术领先的重要基础，在以信息技术为表征的新军事变革中更具有特殊的战略地位。目前，信息技术的突飞猛进已把电磁频谱的竞争开发推至白热化阶段，具体表现在电子元器件开发上。就是寻求能更适合更高频段、更宽频谱、更高工作温度和更高可靠性的材料和器件。这引发了宽禁带半导体器件等新型军用微电子器件的开发热潮。在我国国防事业中，电子技术作为改进和提升国防军事装备的一门重要技术越来越明显。军事电子技术提升了我国国防电子企业的研发水平和生产水平，从而也推进了国防事业的稳定健康的发展。国防电子企业以电子技术和信息技术的优势不断提升自己，使自己始终与新国防军事变革的需要相匹配。同时也优化了整个国防电子工业的布局，使之更加合理、可靠。如今，信息网络技术是各种武器平台的重要支撑，电子设备在各种武器装备中的应用使武器装备更具有智能化的功能。目前，世界军事环境和和全球市场需求的日益变化，使我国国防电子企业相应地作出调整，这是其生存之本。总而言之，现代电子技术的迅猛发展正在推进军事电子技术的高速进步。信息化、网络化技术是未来国防军事装备的关键技术。

二、电子技术与汽车行业发展

电子技术在汽车行业中的运用，形成了汽车电子技术。汽车电子技术是指汽车上应用的电子化和电子信息技术及相关电子技术的总称。目前，汽车行业在电子技术的支持下，已经进入电子控制的时代。汽车上装备了大量的越来越高级的电子装置，这些装备推进着汽车向智能化、舒适化、安全化、环保化方向发展，成为"电子智能汽车"。有些专家甚至预言，未来的汽车就是"一台电脑＋四个轮子"。目前，汽车电子技术也正处于全面快速发展的阶段。其特征主要体现在：①功能多样化；②技术一体化；③系统集成化；④通信网络化。现代汽车电子技术是提高汽车整体性能的保障，其功能上包括舒适性、安全性、经济性、操纵性、动力性、能源节约性和环保性等。汽车电子技术在功能多样化、系统集成化、体积微型化、系统网络化等方面取得一个又一个的突破，这也迎合了人们对汽车的安全、环保、舒适、娱乐等要求的逐步提高。汽车电子技术已经进入人 - 车 - 环境三位一体的和谐关系的阶段。汽车电子技术显著地改善了汽车的综合水平，使之在安全、节能、环保、舒适等各方面都有长足的进步。而汽车电子技术本身也从单个部件电子化发展到总成电子化、网络化、智能化、环保化、安全化、智能化、综合化、信息化。

三、电子技术与商务发展

电子商务是大家比较熟悉的一个概念。它通常是指处于全球不同地方的广泛的商业贸易活动中，在 Internet 开放的网络环境下，基于 Browser/Server 的方式，买卖双方不谋面地进行各种商贸活动，即消费者进行网上购物，商户之间进行网上交易，以及买卖双方进行各种商务活动、交易活动、金融活动和相关的综合服务活动。电子技术涉及了商品的整个运转周期中的各种大大小小的商业活动。这里仅说说电子化采购。电子化采购是由采购方发起的一种采购行为，是一种利用 Internet 网络进行的不见面的交易，如网上招标、网上竞标、网上谈判等。电子化采购不仅仅完成采购行为，而且利用网络技术对采购全程的各个环节进行管理，可有效地整合采购资源，提高采购效率，帮助供求双方降低成本。

四、电子技术与标签技术发展

电子信息技术的飞速发展，推动了各行各业大步地向前发展，甚至是质的飞跃。电子技术与标签技术的结合，就形成了电子标签技术。电子标签又称为 Tag、Smart Labels 或者智能标签。它的核心技术是无线射频识别技术，或称射频识别技术（RFID）。可以说，它是 IC 卡技术的拓展，是微电子技术和新型芯片封装技术相结合的产物。电子标签通过采用一些先进的技术手段，实现了人们对各类对象在不同状态下的自动识别和管理。电子标签技术在近些年发展迅猛，被公认为是本世纪较有发展前途的信息技术。目前已广泛地应用于工业自动化、智能交通、物流管理、海关检测管理、身份认证等多个领域。

五、电子技术与医学的结合

传统病历的媒介是纸质的，将传统病历与电子技术挂钩，形成一种新的记载病人历程的方式，这就形成了电子病历。美国国立医学研究对电子病历的定义是这样的：电子病历是病人的一些电子化的记录，它包括病人基本信息的记录、病人健康的记录、病人临床记录、医疗保健的记录等。电子病历打破了病历传统的概念，使病人的各种信息更加丰富，而且易于管理。电子病历是病人资料的数字化档案库集合，如病人身份信息、检验报告信息、影像诊断报告信息、病历记录、医嘱治疗记录、药品使用信息。这些通过一些又好的界面展现在管理者的面前，更加便于医生诊断。通过信息化服务，医生在任何地点和时间都可以获取病人的相关信息，为医生提供决策。这就避免了重复检查，提高了用药的合理性，提高临床检验、处方、处置的效率，降低患者诊疗成本。电子病历的出现给管理者和病人双方都带来了很多好处，使双方在信息透明的情况下互动，这就可以建立一种和谐的医患关系。随着电子技术的不断进步，一些新技术逐渐投入使用，网络化的广泛普及，以及第三代数字通信（3G）时代的发展，都将推进电子病历更深入的发展。

第二节　广播电视电子工程技术

广播电视属于一种传统的媒介工具，在社会中起到了传递信息的作用，同时还会影响人们的生活和工作。在科学技术发展的推动下，广播电视电子工程技术也实现了快速发展。本节通过对广播电视电子工程技术进行分析，论述广播电视电子工程技术与社会发展间的关系；然后对其发展现状和未来发展趋势进行简要说明，希望为相关行业提供借鉴。

伴随着社会经济的高速发展，广播电视电子工程技术迎来了发展的机遇。但是从实际情况上看，广播电视电子工程技术虽然经过多年发展，信息传播网络的建设已经基本完成，然而在信息时代下，广播电视电子工程技术发展相对滞后于时代的发展。需要广播电视行业对其进行创新和研究，以此来整合广播电视系统和计算机网络系统，从而为受众提供更加丰富的广播电视节目和内容。只有这样，才能促进广播电视行业实现进一步的发展。

一、广播电视电子工程技术的概念

广播电视概述。所谓的广播电视是指通过无线电波以及导线，将电视节目以图像或音响的形式，传递给受众的传播媒介。声音广播就是指传播声音的媒介，而电视广播是指播送声音和图像的媒介。从狭义上可以将广播理解为利用无线电波和导线，以声音为载体传播内容的媒介。从广义上可以将其理解为单存在声音的广播以及图像和声音共存的电视。

广播电视电子工程技术。广播电视电子工程技术主要包括抗干扰技术和光纤技术。由于广播电视电子工程需要借助卫星传输信号，具有传输距离远、传输容量大、传输质量高的特点。因此在信号传输过程中，抗干扰是首要解决问题。在我国广播电视传播系统之中，采用的信号传播方式为点到面的传输模式。这种信号传输模式的使用涉及到诸多技术，如果技术使用不当，就会对信号的传输造成干扰，广播电视的质量也会因此而下降。基于此，技术人员研究了抗干扰技术，以解决此类问题，并取得了良好的应用效果。而光纤技术同样是广播电视电子工程的重要技术，这项技术的使用大大提升了信号传输的效率。为强化光纤技术的应用效果，技术人员对这项技术进行了优化和完善，以降低传输过程中的信号损耗。截止到目前，这项技术已经被广泛应用于广播电视等媒介之中。

二、广播电视与现代社会的关系

广播电视与政治生活的关系。广播电视与政治生活存在着密切的关联，并受到政治生活的控制。与此同时，广播电视也会对政治产生一定的反作用。例如：前段时间的操场埋人案经过广播电视媒体的大肆宣传后，受到了有关部门的高度关注，使这件发生于16年前的历史冤案得以昭雪。纵观历史，不管是古代还是现代，大众传媒工具的产生，其背后都拥有政治发展的背景。比如古代的驿站、现代的电视台都属于在特定环境下产生的媒介，其根本目的就是满足政治需求。与此同时，政治还会利用法律、机构管制等方法，对广播电视传播的内容加以限制和规范。

广播电视与经济生活的关系。信息化时代的到来，加强了信息与经济之间的联系，信息技术的进步可以促进社会经济的发展。广播电视台作为信息产业的重要组成部分，在社会经济发展中起到的作用不可估量，因此需要重视广播电视技术的发展。只有这样，才能增加信息产业的经济效益，并为广播电视行业注入生机和活力。

广播电视与文化生活的关系。广播电视与文化之间的关系十分密切，广播电视能够对文化产生深远的影响，它是文化传播和延续的重要途径。文化是人类智慧的结晶，是社会的精神财富，需要人们借助广播电视对其进行传播和保存。此外，在信息化时代下，媒体行业之间的融合交流，使多种文化相互碰撞，继而产生全新的文化，比如：媒体文化、网络文化。不可否认这些文化的产生，对人类文化进行了补充，增加了文化的活力。但是这些新文化中还存在一些糟粕，需要对其进行取舍。只有这样，才能将新文化作为民族文化和人类文化的补充。

三、广播电视电子工程技术现状

在科学技术发展的推动下，我国广播电视电子工程技术取得了显著的发展效果，具体表现为诸多大学均开设了广播电视电子工程这门专业，每年为我国培养出大量的专业人才。并且伴随着信息化时代的到来，现阶段将信息技术、通信技术与多媒体技术相融合，已经成为广播电子工程技术的主要目的，推动了广播电视电子工程技术在我国的广泛应用。广播电视电子工程技术的应用，不仅可以满足人们日益增长的精神文化需求，还能使广播电视行业的经济效益增加。我国通信速度也会随着广播电视电子工程技术的发展而提高。目前，我国国民可以随时借助广播电视了解国内外的热点事件，也可以通过广播电视对事物进行管理。

四、促进广播电视电子工程技术发展的建议

重视对广播电视电子工程技术人员的培训。技术人员的能力和素养直接关系到广播电视电子工程技术的发展成效。广播电视电子工程的建设需要依靠技术人员，如果技术人员能力和素质较差，必然会影响工程建设质量和行业发展速度。现阶段，我国广播电视电子工程技术专业的技术人才数量匮乏，因此广播电视单位应该定期组织技术人员参加培训，例如：广播电视台可以资助技术人员到高校进修和学习，或者聘请相关专家对技术人员进行培训。通过这种方法的使用，让技术人员不断提升自身的技术水平和综合能力，以促进广电工程技术的发展。

实现卫星的接收。通过上述分析得知，现代广播电视会借助卫星进行信号的接收和传输。这种技术方法的使用，有利于克服传统信号传输技术存在的不足，比如：信号丢失、信号质量差等等。因此，广播电视台在传输信号的过程中，应该重视卫星接收技术的使用，对信号传输和接收质量进行把控。只有这样，才能促进我国广播电视行业的进一步发展。例如：目前，数字电视已经基本取代了传统的有线电视，受众可以利用机顶盒随意更换或选择电视节目。与此同时，电视机顶盒的使用，也提高了受众对广播电视节目信号接收的安全性。这样就可以避免信号干扰问题的出现，最终使受众的观看需求得到满足。

广播电视电子工程技术的数字化和网络化发展。在新时期背景下，广播电视电子工程技术逐渐呈现出数字化和网络化的发展趋势。数字技术作为现代技术的重要内容，已经成为了电子工程技术的核心内容之一，促进了广播电视技术的发展。其不仅提高到。了信号传输质量和效果，还降低了信号接收和移动的难度，满足了人们对信号的移动接收要求。目前，在我国省级以上的电视台中，数字化技术已经被应用于广播电视信号传输的全过程。上文中提到的电视机顶盒就是数字化技术应用的代表。

此外，网络化与数字化技术一样，都是广播电视电子工程技术的发展方向。网络化的发展，对于电子工程技术而言十分关键。作为传统媒介，广播电视需要借助网络技术打破原有的发展模式，推陈出新，实现进一步发展。基于此，我国电视广播行业应该正视广播电视电子工程技术未来发展的趋势，加大研究力度，确保广播电视电子工程技术发展速度与行业发展速度相匹配。

第三节　电子工程设计的 EDA 技术

电子工程的研究领域极为广阔，其内部的研究内容包括数字信号处理技术、通信技术、微波技术以及电磁场技术等。这几种电子技术可以被应用到多种现代工程领域之中。随着电子设计技术不断成熟，自动化的工程设计理念也逐渐被添加到电子工程之中。全新的

EDA 技术逐渐被应用起来，在计算机辅助工程的支持之下，电子电路的设计工作具有了更高的效率，本节对这种 EDA 技术进行研究。

电子技术已经逐渐成为现代社会的各行各业之中的必备技术，其所在的电子应用系统也逐渐出现了运行快速、容量增大的应用特点。在进行电子工程设计工作的时候，设计人员对原有的组合芯片系统进行改造，单片系统也可以支持电子工程运转。应用自动化的技术来完成电子设计，已经成为很多电子工程建设者需要解决的首要设计问题。本节根据对 EDA 技术的了解，对该种电子技术的设计情况进行分析。

一、EDA 技术基本情况分析

所谓 EDA 技术，就是电子设计自动化，由 CAE、CAD、CAM 等计算机概念发展出现。EDA 技术以计算机为主要工具，集合了图形学、数据库、拓扑逻辑、优化理论、计算数学、图论等学科，形成最新的理论体系，是微电子技术、计算机信息技术、电路理论、信号处理和信号分析的结晶。

二、主要特点

现代化 EDA 技术大多采用"自顶向下（Top-Down）"的设计程序，从而确保设计方案整体的合理和优化，避免"自底向上（Bottom-up）"设计过程使局部优化，整体结构较差的缺陷。自动化程度高，设计过程中随时可以进行各级的仿真、纠错和调试，使设计者能早期发现结构设计上的错误，避免设计工作的浪费。同时设计人员可以抛开一些具体细节问题，从而把主要精力集中在系统的开发上，保证设计的高效率、低成本。且产品开发周期短、循环快。以并行操作，现代 EDA 技术建立了并行工程框架结构的工作环境。从而保证和支持多人同时并行地进行电子系统的设计和开发。

三、基本应用软件

EWB 软件：谓 EWB 是一种基于 PC 的电子设计软件，具备了集成化工具、仿真器、原理图输入、分析、设计文件夹、接口等六大特点，应用优势明显。

PROTEL 软件：该技术软件广泛应用了 Prote199，主要由电路原理图的设计系统和印刷电路板的设计系统两大部分组成。高层次的设计技术在近年的国际 EDA 技术领域开发、研究、应用中成为热门课题，并且迅速发展，成果显著。该领域主要包括了硬件语言描述、高层次模拟、高层次的综合技术等。伴随着科技水平的提升，EDA 技术也必然会朝向更高层次的自动化设计技术不断发展。

四、技术应用流程

对于 EDA 技术的发展情况与必备软件有所了解之后，可以继续对其在电子工程领域之中的应用状况进行了解。其具体的应用程序如下：

设计源程序。在源程序设计环节之中，技术人员需要对 EDA 技术加以应用。在开展电子设计工作时，技术人员需要对文本编辑器或者图形编辑器这一类的设计软件加以使用。在应用这一类软件的时候，可以通过 EDA 软件来完成编译程序以及排错的工作，对文件的原有设计格式进行转化，给逻辑分析工作提供可参考的数据。

综合逻辑。在源程序中应用了实现了 VHDL 的格式转化之后，就进入了逻辑综合分析的环节。运用综合器就能够将电路设计过程中使用的高级指令转换成层次较低的设计语言，这就是逻辑综合。通过逻辑综合的过程，可以看作是电子设计的目标优化过程。将文件输入仿真器，实施仿真操作，保持功效和结果的一致性。

仿真分析。在确定了电子工程设计方案之后，利用系统仿真或者是结构模拟的方法进行方案的合理性和可行性研究分析。利用 EDA 技术实现系统环节的函数传递，选取相关的数学模型进行仿真分析。这一系统的仿真技术同样可以运用到其他非电子工程专业设计的工作中，能够应用到方案构思和理论验证等方面。

时序性仿真。在实现了逻辑综合透配之后，就可以进行时序仿真的环节了。所谓的时序仿真指的就是将基于布线器和适配器出现的 VHDL 文件运用适当的手段传达到仿真器中，开始部分仿真。VHDL 仿真器考虑到了器件特性，所以适配后的时序仿真结果较为精确。

验证设计方案。应用 EDA 技术可以对已经完成设计工作的工程设计方案进行验证。设计人员可以应用结构模拟以及系统仿真技术来对方案进行测试，主要需要测试出方案是否可行。在测试的时候，需要先对存在于不同设计环节的传递型函数进行计算，通过传递函数来建设商学院模型。这种验证功能不仅仅可以在电子设计行业之中被应用，在其他的电子工程之外的行业之中也可以被使用。技术人员可以借助这种验证系统来对新提出的构思以及方案加以验证。完成系统仿真工作之后，需要通过模拟分析的方式来测定电路的结构，同时需要找出电路结构中的设计错误。

优化电路。除了对电子工程的基本设计方案进行验证之外，技术人员还可以将这种技术应用到电路设计之中。在电子工程之中，电路设计工作极为重要。如果电路没有被设计合理，电子工程的各种调度工作以及常规运转工作皆难以实现。应用 EDA 技术可以对影响电路的原有的稳定程度的因素进行测试，一般电路所在的工作环境的温度元素以及电子元器件的基本容差会给电路带来直接影响。一般的电子设计技术是无法对电路进行全面测试的，技术人员难以实现优化整个电子工程的设计目的。而在 EDA 系统之中，统计功能以及温度分析系统可以辅助电路设计工作。技术人员可以对不同温度条件下的电路运行状态进行统计。完成统计工作之后，就可以将更为合适的电路结构以及元件参数提供出来。

在优化电路的同时，技术人员还可以在电路之中开展模拟测试活动。一般的电路设计工作中，都需要分析大量电子数据。但是仅仅分析电子数据并不能保证设计工作的合理性，主要是受到了电子仪器以及测试方法的限制。而应用 EDA 技术之后，可以充分实现功能测试的基本需求。

电子技术一般都是流动性比较明显的技术。在这种流动性特点的影响之下，很多电子技术的更新速度极快。EDA 技术也是如此，从被引进国内，技术人员根据不同的发展阶段，电子设计工作出现的变动，不断地革新 EDA 技术，使其能够适应各个时期的电子设计工作。从电子产品的应用效果来看，EDA 技术不仅仅可以提升工程建设的速度，同时也可以推动电子工程领域的各种技术改革活动。应用 EDA 技术还可以将更多附加价值添加到电子产品之中，使电子产品能够为使用者提供优质的电子服务。

第四节　电子工程中智能化技术

为了促进电子工程可以全面健康的发展，需要在电子工程的控制管理中应用智能化技术，本节对智能化技术的优势以及在电子工程中的应用做简要阐述。

一、智能化技术在电子工程的运用背景

在电子工程中，大量的信息技术手段是应用高度智能化技术的基础，只有依靠网络和计算机技术，技术人员才能对这些电子数据进行详细划分，并且对这些内容进行整合以及决策部署，从而使其工作效率得到提高。在电子工程操作人员工作过程中，利用这种技术可以使其更加便利。在传统电子工程研究中，计算机技术是主要应用，但是不同社会部门的需求不同。为了适应这种不同需求，需要创造针对性的技术。这样生产出的电子设备才可以满足市场的需求，使企业获得更多的经济利益。

二、电子工程应用智能化技术的优势

智能化技术可以快速检测故障。在电子工程的使用过程中，不可避免地会遇到一些故障。如果无法及时解决这些故障，就会对电子工程的应用效果产生影响。人工检测是传统的电子工程故障监测，这种监测有较高的主观性，所以无法保证检测的准确性，降低了电子工程故障监测效率。与传统人工故障检测方法相比，在电子工程的故障检测中，智能化的故障监测方法更加适用。智能化故障监测方法通过监测系统设置的故障数据，自动化检测电子工程故障，并且完成故障监测以后还可以自动发送故障分析监测报告，有效提高了电子工程的检测效率和准确性。

对电子工程进行智能化的控制。电子工程有比较长的运行时间，所以需要承受比较高的负荷。为了对电子工程的运行安全进行保障，需要全面监督和控制电子工程，避免有相关的安全事故发生。传统人工控制方法在人力上比较浪费，并且电子工程的监督结构受人工掌握的技术水平和规范知识的影响，会留下难以发现的安全隐患。电子工程有比较复杂的运行过程，电子工程控制的主要实施者是人工。如果电子工程有相关安全事故发生，控制人员就会有一定的损害，降低了电子工程的安全性。在电子工程运行控制中采用智能化，可以自动分析电子工程运行情况，还可以在电子工程发生故障时进行提醒，有利于电子工程稳定运行。

优化电子工程的设计。传统电子工程有较低的自动化控制效率，一旦设置完成电子工程产品，就很难修改和完善这些产品，对电子工程产品的改进和发展是不利的。但是智能化技术可以设计和控制电子工程，可以根据电子工程产品需求，改进和优化相关产品，满足电子工程的相关需求。在电子工程中应用智能化技术，突破了传统用模型进行生产的方式，使电子工程产品设计时间减少，电子工程的生产质量得到提高。

提高电子工程的工作效率。电子工程智能化控制的方式可以把电子工程的资金投入有效的减少，使电子工程的安全性得到提高，同时也可以提升电子工程的经济效益。将智能化技术应用到电子工程中，可以自动化的控制和管理电子工程运行过程，同时在发生故障时，可以实施监测和维修故障。电子工程智能化的管理和应用模式，可以对传统人工生产模式进行改善，使电子工程使用的生产效率加快，电子工程产品质量提高。

三、智能化在电子工程中的具体应用

智能化技术对故障诊断的作用。在进行故障检测时，智能化技术可以针对机械运行中的故障快速准确的找到，有利于进行机械或者是系统的检修维护，延长其使用寿命。尤其在进行大型网络控制系统设置的时候，针对设计过程中的技术漏洞，智能化技术可以有效地进行监测，对由于操作不当产生的数据误差进行排除，使系统设备可以最大限度地发挥自己的价值。当然，凡事都有两面性，智能化技术也并不是完美的，它也有在实际应用过程中出错的时候。如果故障成批的出现也会降低智能化技术的故障排查率。但是总的来说，相比于人工操作技术，智能化技术更加高效，避免了人力的浪费，值得推广使用。

智能化技术在提升电子工程性能上的应用。在电子工程运行过程中应用这项服务生产、生活的智能化技术，可以对大部分劳动力进行解放，为生活水平和工作效率的提高提供了技术支持，使产业的经济发展得到不断的推进。为了发挥出其真正作用，对生产生活提供更好的服务，需要不断改进和完善智能化技术，扩大智能化技术的应用范围。在电子工程中应用智能化技术，可以使电子工程高质量运行，最大化发挥智能技术价值；使电子工程可以满足不同用户的需求，让他们有不同的体验，可以在不断变化的市场中占有一席之地。

智能化技术在提升电子工程功能上的应用。在电子工程中广泛的应用智能化技术，方便了人们的生产生活，但是智能化技术还需要不断地创新和改善，它的发展前景很广阔。在进行智能产品的使用时，可以用触屏操作界面，操作按钮可以用图片形式表现。这样的操作方式更容易让用户简单操作，使设备发生故障的概率减少。同时，把数据处理程序简单化，使信息交流更加便捷。

随着国民经济的快速发展，为了追赶时代潮流，智能化技术需要不断的创新和完善，将智能化技术应用到电子工程中，才能满足人们对电子工程现代化的发展需求，它是促进社会经济发展的重要手段。同时也是使电子工程企业市场竞争力得到提高的重要途径。智能化技术的升值空间很大，且必将成为时代发展的潮流之一，在电子工程中应用智能化技术也是时代发展的需求，为了进一步提高智能化技术的作用，需要不断研发智能化技术，提高对它的重视程度和应用程度。

第五节　单片机采用电子工程技术

电子工程技术是在网络和计算机的基础上新兴发展起来的一种技术。从我国当前来看，其在单片机中的应用还处于初级阶段，但其重要性已经可见一斑。选取通信、工业控制、仪器仪表、家用电器等领域，就电子工程技术在单片机中的应用进行了分析。

计算机在当前社会有着广泛应用，但在某些领域中，由于体积较大，无法发挥作用。为解决这一问题，就必须朝着微型化方向发展。如今，随着信息技术不断成熟，出现了不同类型的微型计算机。单片机是一种集成电路芯片，其本质是一个微型计算机系统。与传统计算机相比，只缺少了 I/O 设备，其他功能都具备。凭借着体积小、质量轻、使用便捷等优势，在各领域逐步推广开来。电子工程技术作为衡量信息化水平的重要标准，在促进单片机出现和发展中发挥着重大作用。

一、应用于通信领域

目前市场上的单片机基本都带有通信接口，可以直接连接计算机，实现数据通信，使用非常方便。同时，大多数现代化通信设备也都安装了单片机，如手机、无线电对讲机、列车无线通信系统、楼宇自动通信呼叫系统等，电子工程技术在其中的作用功不可没，为网络通信提供了诸多便利。实际进行信息交换和数据通信时，通常有串行、并行两种方法。串行通信方式又可分为异步和同步。在异步串行状态下，数据信息以单字符的形式传送，且不同字符之间能够互连，以实现间接的数据传送。传送方可根据实际需求选择具体传送方式，比如时钟方式。

如今，无线通信技术备受关注，如何促进无线通信技术和单片机的结合也成了研究重点。在今后的发展趋势中，两者结合的应用主要体现在数据方案传输选择、硬件配置、通信软件设置等方面。比如，为提高效率，可选择以单片机监控系统为核心的无线通信技术，机车负责数据的收集，以及数据库的转移。

二、应用于工业控制

工业发展状况直接关乎国家经济水平。过去几十年间，在电子信息技术推动下，我国工业发展迅速，取得了显著成就，生产模式也逐步过渡为自动化、智能化。当前的自动化生产系统、机械化等，都离不开电子工程技术和单片机。除了生产、物资等各方面的管理也实现了信息化，电子工程技术在监控管理方面起着重大作用，对提高生产效率、提高资源利用率大有帮助。

单片机最早就出自于工业领域。经过不断研究和发展，今天在工业控制领域依然有着大量应用，比如工厂流水线的智能化管理。其优势非常明显，集成度高、体积小、易扩展、控制功能强大、电压功耗较小，因此备受青睐。一个简单的单片机控制系统，输出采用光耦隔离，另外使用的是 LM2596 可降压模块，输入电压范围较宽，能够根据单片机电源进行电压调整。根据需求进行编程，然后只需接上传感器，就能实现对外部设备的控制。如果想要优化升级，还可以在此基础上做一个简单的人机交互系统。可见，应用非常方便，而且价格便宜。

三、应用于仪器仪表

单片机在智能仪器仪表领域应用颇多，很多功能（如模拟量和数字量的转换）都依赖于电子工程技术，使得仪器仪表的测量精确度更高，且测量方式逐步朝柔性化过渡。常见的物理量有长度、速度、温度、压力、电压、功率，以及波形、频率、磁感应等，借助传感器都能进行数字化、直观化的测量和显示。加上单片机自身串口，还能进行远程测量，或者实现远程数据采集。电子工程技术应用单片机，对智能仪器仪表的优势在于控制功能增强、计算效率提升。比如，普通仪器能够在 0.5s 内完成一个周期的测量、计算和输出等一系列工作。复杂的仪器仪表，如需要进行开方，或带有正弦函数等计算，相对较为复杂，对计算能力要求更高，而单片机能够满足这些要求。

很多智能仪器仪表中都安装有单片机。单片机发挥着微处理器的作用，不但能获取数据，还能做进一步处理计算。加上体积小、功能完整、价格便宜，越来越受欢迎。另外，在智能仪器仪表的设计和调试中，也常会用到单片机和电子工程技术。

四、应用于家用电器

家用电器在日常生活中使用频率较高，随着科技发展，以及人们生活水平的提升，智能技术在普通家庭中也开始推广普及。如今，很多家用电器也都安装有单片机。利用电子工程技术，增加了电器功能，使得生活质量明显提升。传统的洗衣机，只具备一般功能。安装单片机后，基于模糊控制技术，增加了许多新功能，如能够辨识衣物的脏污程度，如此便会自动选择相适应的洗涤强度，调整洗涤时间。单片机对传感器搜集到的信息加以处理，从而确定最佳水流，包括漂洗次数、脱水时间，都变得更科学，应用极为方便。冰箱亦是如此，安装单片机后，能够识别食物的种类，并判断其新鲜度，从而调整冷藏温度和时间。变频式微波炉在家庭中较为常见，利用单片机进行控制，改变了以往靠通电时间来控制火力强弱的方式，使得食物受热更均匀，口感更佳，且节能省电效果明显。

五、应用于其他领域

随着社会发展，单片机不断更新换代，应用领域越来越多。比如用于医疗行业，呼吸机、监护仪、病床呼叫系统等，安装单片机后，智能化技术使得操作更佳规范化、专业化，对诊断和患者疗养都有益处。办公自动化设备中嵌入单片机，会使得办公效率大幅提高。如复印机、打印机等常用办公设备。单片机不仅在工业，在商业中也有着广泛应用。如今的商业营销大多都会用到信息技术，包括常见的收款机、LED 屏、刷卡机、计价器，采用单片机能够带来诸多方便。此外，电子工程技术在单片机中的应用，还体现在金融、教育、国防、航空航天等领域，在减轻劳动强度、提高工作效率的同时，也使得社会环境和生活环境更加舒适安全。

综上所述，微型化是计算机当前以及今后的重要发展方向，能够满足社会分工越来越细的需求。单片机作为典型的微型计算机系统，在生活、生产中发挥着巨大作用，推动着社会进步。因此，我们应当加强研究，促进电子工程技术与单片机的进一步结合。

第三章 电子电路工程改革

第一节 电子电路的设计要点及其创新

电子电路设计对于科技发展非常重要，因此需要对设计方法进行不断创新，从而提升设计的科学性；使抽象的理论形象化、复杂的电路实际化，并且通过设计和模拟仿真可以快速反映所设计电路的性能。基于此，本节简述了电子电路设计需要遵循的相关原则及其主要方法，对电子电路的设计要点及其创新进行了简要分析。

电子电路设计涉及到的内容较多，同时对设计人员的能力也提出了较高要求。因此需要全面了解电子电路相关理论知识，结合实际使用情况进行分析，掌握科学的设计方法，为电力电路设计提供必要的基础，从而保证电子电路设计的科学性与有效性。

一、电子电路设计需要遵循的相关原则

为了保障电子电路设计的科学性与有效性，在设计过程中需要遵循相关原则。首先需要对电子电路内部的各项原件相互之间的关系进行全面的分析，掌握设计的内部结构以及外部结构，整体上对原件内部的各项构造进行分析，综合地对电子电路的各项类型进行分析，全面地掌握各项设计类型。其次需要关注设计的功能性原则，在进行设计的过程中需要将电子电路系统进行更加细致全面地划分，掌握不同模块的实际功能，考虑到实现这些模块和功能的途径，从而在设计中了解掌握原件的情况，实现电子电路设计的规范性。在进行电子电路设计的过程中需要保证各项功能的完整性，在进行设计的过程中需要针对每一个部件的实际使用效果进行分析，确定整体的设计成果符合实际使用的效果。这样才能进一步提升设计的科学性与合理性，在实际使用中保证使用的质量。

二、电子电路设计的主要方法

电子电路设计需要选用合适的方法，主要有遗传算法。该方法在进行设计时将关注的焦点放在需要解决的问题上，针对性地进行代码设计，对需要解决的问题进行相应编程。这样的方式可以在进行程序编制的过程中，避免因为竞争机制带来不同遗传操作和交叉变异的问题，满足现实情况下的管理机制。对其中较差的个体进行替代，保证代码的使用更

加符合技术的需要，不断地满足现实条件，对结果进行更加全面的管理，对实际问题进行整体解决。而现场可编程逻辑阵列是将逻辑电路方式进行应用，采用在线编程的方式，将存储芯片设置在 RAM 内。在需要编程的过程中通过原理图和硬件对语言进行描述，然后将数据存储到 RAM 内，这样将数据进行存储的方式使得相关的逻辑关系得到更加科学地处理。一旦对其中的 FPGA 开发软件进行断电之后，就会出现 RAM 的逻辑关系空白，为整体的数据存储节省较多的空间，提升 FPGA 系统的使用效率，将不同的数据流灌入到硬件系统中，提升电子电路设计的整体质量。

三、电子电路的设计要点及其创新

（一）电子电路的设计要点分析

电子电路的层次化设计要点分析。电子电路层次化的设计首先需要将基本构造分成相应的模块，对不同的模块进行分层次的设计描述。整体设计过程中需要按照从硬件顶层抽象描述向最底层结构进行转换，直到实现硬件单元描述为止，层次化设计在进行管理设计的过程中相比较而言较为灵活。可以根据实际特点选择适宜的设计方式，既能够是自顶向底的方式，也可以是自底向顶的方式。具体情况需要按照实际情况进行分析，对电子电路的设计进行全面科学的管理。对电子电路进行渐进式设计要点分析。渐进式设计也是电子电路设计中经常出现的情况。这种设计方式主要是将一些附加功能带入到管理中，将设计的相关指标使用到设计中。其中包括高频、低频模拟电路、数字电子线路的结构设计，然后依据实际情况设计相应的单元电路结构。将电子电路工作的特点和运行方式融入到设计中，并将线路设计进行全面的整合，注重输入与输出之间的相互关系，保证电路设计的规范性，将电子电路设计得更加便于操作。同时在进行设计的过程中需要对渐进式设计的步骤进行分析，根据应用型电子电路的功能，及时地对电子电路进行组合。在进行拼装时需要关注连接点信号连接的强度、幅度以及电压值之间的关系，将整体电路进行更加科学的设计。硬件语言描述设计要点分析。电子电路设计还可以使用基于硬件语言描述的形式，首先需要对设计目标进行全面的管理。熟悉电子设计中对信号进行控制的相关原理，保证信号处理的各项参数。在具体信息确定完成之后需要对系统进行分解，找出硬件的总体框架。之后对设计图进行仿真设计，将较为重要的位置使用相关的记号进行标注。然后借助CAD 软件对设计进行仿真测试，保证电子电路设计的逻辑关系、正负极值、时序等的正确性，提升方案设计的规范性。

（二）电子电路设计创新的分析

主要表现为：电子电路构架设计创新。电子电路设计创新首先需要对其构架设计进行创新。在设计中对 FPGA 系统进行定义，在硬件单元内部建立连接，找出明确的构建系统，对设计途径进行创新。在设计结束后需要对设计目标以及设计结果进行对比，可以采用错误的代码，验证系统在进行甄别过程中的效果，对于出现问题的地方及时进行改进。在结束之后选择适宜的子系统，其中一部分保持原本的运行状态，一部分按照遗传算法进行一定的修改。这样可以对系统进行更加完善的处理，使操作的适应性更强。进行改进之后再对系统进行整体的验证，不断地对设计方案进行改进，使得设计更加符合方案的需要。设计环境的创新。电子电路设计需要对系统的环境进行创新，用于测试的环境需要将测试硬件与显示的 FPGA 构架和硬件进行全面控制，制定适宜的仿真软件。计算机在使用的过程中可以通过通信电缆将数据从计算机下载到 FPGA 系统中，使用规范化的仪器对数据采集中的硬件和软件进行连接。对设计方案进行全面的评估，并将数据转化进行应试实验。对软件进行仿真处理，提升系统整体运行环境。

综上所述，随着电子电路技术的快速发展，电子电路技术的成果越来越多应用于人们日常生活中，为人们带来了很多便利。因此，为了充分发挥电力电路的作用以及促进其发展，必须加强对电子电路的设计要点及其创新进行分析。

第二节　超低能耗电子电路系统设计原则

在中国信息和科技的高速发展下，电子电路的系统设计走向了新的发展方向。超低能耗电子电路系统的设计已经成为新的研究目标。基于影响超低能耗电子电路系统的几个因素进行分析，从而设计出遵循电子电路运行原则的低能耗系统。有效实现了降低能耗这一目标，节约资源。本节着重探讨超低能耗电子电路系统设计原则。

随着经济的发展，为了产业的可持续发展，更重视低能耗产品的研发。超低能耗的电子电路系统更是成为了研究的重点方向。超低能耗的电子电路系统的设计中，包括了处理器、电子器件、单片机、放大器、液晶显示屏等等的使用。超低能耗电子电路系统的设计虽然有很大的挑战，但是对于产业的发展来说也是不可多得的机遇。

一、电子电路系统能耗影响分析

超低能耗电子电路系统的研发中，逐渐在电子电路专业中越来越受到重视。传统的电子电路系统中功耗主要受到以下几点的影响。

首先，电子电路系统中的功耗大小的判断中，主要是以电路为基础进行研究。在超低功耗电子电路的设计研究中，应该先分析电子电路单元电路的能耗大小。在传统的单片机的耗能和休眠电量来看，是超低能耗电子电路系统中的 10 倍。集成电路的能耗主要和工作频率、工作电流、电源电压等等有关系。在负载器件和寄生元件中，都会产生一定程度的功耗。在电阻上的功耗也是不可避免的。采用超低能耗的电子元件，主要还是以减少为目的。

其次，在集成电路中，静态和动态都会造成功耗。静态功耗主要是因为电源电压的耗费。静态电流就是流向电路内部的电流。所以电源电压通常也是对于电路静态的功耗大小的判断。

最后，集成电路中的动态能耗主要是以电容充放电功耗为主要形式。随着输出电容的充放电过程中，电路的输出也存在着起伏、波动。电子电路系统中的动态功耗也是一种瞬时功耗，是在转换信号的过程中产生的。

二、低耗能电子电路系统设计原则

经济和科技的高速发展下，需要改进原本传统的超低能耗电子元件。在研究的推动下，各种各样的超低能耗的电子元件如同雨后春笋一般层出不穷。所以在超低能耗的电子电路的选择中，应该采用新型的超低能耗型 IC。

（一）处理器选择

在超低耗能电子电路中，重要的就是对采用微处理器 MCU 的选择。现今很多厂家都已经研制出超低耗能产品，为了增强产品的竞争力，必须在微处理器中降低能耗。单片机是在低电压和低频率的环境下工作的，所以使用单片机就是很好的超低耗能系统设计的选择。超低耗能的产品选择的单片机要注意单片机是否专门为了超低耗能电子电路设计的。单片机的休眠模式有几种，在电子电路设计中要充分考虑到电源电压、休眠时候单片机的电流量、工作时候的电流量等等。

（二）电子元件选择

电子电路系统的设计中，不仅仅依靠单片机处理器，还需要采用低耗能的电子元件。在核心处理器超低耗能的同时，需要让外围器件也具有超低耗能设计。IC 器件的选择上，应该通过模拟电子电路系统，来找到耗能最低的组合。

（三）供电管硬件选择

供电管硬件是对电子电路的供电管理。在多分支的网络电源中，需要对不同的模块进行供电。在供电的之余，不工作的时候可以停止供电。这样就可以实现低能耗。供电控制的时候，可以选择可关断模式、电源总开关模式、选择控制模式等等。在对各个模块独立供电的时候，采用电阻小、开关速度快、静电少的供电管硬件，更符合超低能耗电子电路的设计原理。在供电硬件的选择上，更应该重视品质问题。因为经常会出现供电系统中漏电的现象。在供电系统中的漏电主要有几个原因造成：电源泄露，保护电路泄露，分支电路泄露，意外泄露等等。在电源开断的同时，供电系统需要管理电路系统。在保证安全无泄露的情况下，将能耗降到最低。

（四）电子电路系统的运行管理

在电子电路的运行系统中，应该重点强调软件和硬件相配合的管理。软件和硬件的配合中，可以消除程序运行的多余环节。在系统进入休眠的时候，单片机可以马上调整到低能耗状态。同时对运行系统的时钟有一个准确的控制，以选择一个较为稳定的工作平衡。时钟选择较低的工作频率的时候，可以和外围模块的低能耗的控制功能相结合。

在科技水平的提高下，出现了越来越多的新型材料可以运用再电子电路系统的设计中。在集成电路中，采用的电源电压，电子线路，单片机，负载都会严重影响能耗问题。所以在电子电路的设计中，应该及时考虑到这些因素，尽量优化硬件设计，实现超低能耗的目标。设计中应该遵循基本设计原则，设计出简洁、优化的电子电路系统。

第三节　电子电路设计的创新路径分析

进入 21 世纪后，计算机技术和电子技术蓬勃的发展起来，很多的学科发展和生物学的结合越来越紧密。从对硬件进化机制及相关设计技术的角度来看，新的电子电路设计是可以发展起来的。它可以像生物一样会随着环境的改变而改变，显出其较强的适应性和优越性。笔者在本节中对电子电路设计的创新路径进行深入的分析，以期获得一条设计电子电路的新途径。

随着科技的不断发展，电子产品不仅渗透到科学研究的各个方面，同时其发展水平已经成为代表一个国家现代化、信息化的重要标志。在电子工业领域中，电子电路的数字技术、卫星技术、光纤技术和激光技术、处理信息技术等得到了广泛的应用。在文中，笔者主要对可进化硬件 EHW 的机制和一些技术进行了分析，然后对在高可靠性电子电路中使用这种技术进行了分析。

一、EHW 的机理及相关技术

到目前为止，地球上最精密的生物系统就是人体。人的基因经过几千万年的不断进化，使身体可以在病变细胞未出现之前就可以进行自我诊断，并可以自己治愈。所以，使用这种机制，科学家们开发出了可进化硬件。

（一）遗传算法

遗传算法是一种自适应全局优化的一种算法，并模拟自然环境中生物的遗传和进化的过程。它使用了物种的进化理论，对想要解决的问题进行编码操作，把可行解表示为字符串形式，对应在人体上就是染色体或个体。经过初始化随机产生一个被称为种群的个体，这些种群都是假设解。他们假设的解决方案（解）放置于解决问题的环境下，对选择个体使用的是适应度值或竞争机制（解的满意解度就是适应值），经过不同遗传操作算子包括选择，交叉和变异等，生产下　代（对于原种群这个下　代是可以替代的），即非重叠种群；也可以对原种群中的个体较差的个体进行替代，即重叠种群。这种进化可以一直进化下去，直到出现满足结束的条件，就可以使用最优解解决问题。

（二）现场可编程逻辑阵列

现场可编程逻辑阵列是一个逻辑电路，它是基于可在线编程的。设置其工作状态的是存储在片内 RAM 中的程序，开展工作的时候需要编程 RAM。当用户使用原理图或硬件描述语言 (HDL) 对某个逻辑电路进行描述后，通过设计方案 FPGA 开发软件就会编辑出数据流，而后把数据流存储在 RAM 里面。也就意味着 RAM 中的数据流就对电路的逻辑关系进行了决定。断开电后，FPGA 又会处于白片状态，里面的逻辑关系也就不存在了。所以，可以多次使用 FPGA。如果要想获得不同的硬件系统只需要灌入不同的数据流，这是编程的一大特色。也是实现 EHW 重要特性的一个特征。

二、进化电子电路设计架构

初步方案的产生需要以设计目的为依托，用一组染色体 (0 和 1 的数据串) 来表示初步方案，每一个个体代表可设计的一个部分。将染色体换成控制数据下载到 FPGA 上，对 FPGA 开关进行定义。以此来对硬件单元内的重建联接进行明确，以此来构建一个初步的硬件系统。使用 FPGA 器件的硬件进化设计可以接受数据流下载的任何组合，还不会对设备造成损坏。

对设计目标以及设计出的结果进行对比，使用错误的表象作为描述系统适应度的标准。在这个过程中需要使用软件进行一定的检测和评价。要针对不同的个体，对适应度进行排位。要想在下一代中产生最优秀的个体就需要在这一代选择出最好的个体。

统计新的个体的时候要基于适应度，选择出的个体要依据统计的结果。需要在一部分选中的个体完整的保存原来的状态，其它的就需要进行修改。修改的过程中不是毫无章法，而是要按照遗传算法来进行，例如可以进行交叉和变异。之所以要进行这些操作是为了产生适应性更强的下一代。然后把由下一代的染色体转化为的控制数据流下载到 FPGA 中进行硬件的进化。

重复产生新一代的步骤，直到新的个体的设计方案接近所需要的适应能力为止。

三、可进化电路设计环境

在设计系统环境下可以对上文所论述的硬件以及软件进化电子电路设计。用于测试的硬件配置和显示在 FPGA 架构和硬件配置的进化设计中非常有用的就是系统的设计环境。在这个设计系统环境中主要有遗传算法包、FPGA 开发系统板、用于数据采集的硬件以及进行适应度评价的软件、用户界面程序和电路仿真软件。

在计算机上使用一个程序包可以实现遗传算法。它可以实现基因组的进化计算。硬件描述染色体通过通信电缆由计算机下载到 FPGA 器件上进行。然后布线的结果通过接口传到计算机上。基于仪器的数据采集硬件和软件进行的适应度评价，接口码将遗传算法和硬件连接在一起，一些设计方案就可以使用这样的办法进行评估。同时还具有一个直观方便显示设计结果和问题的图形用户界面。通过在每一代的染色体组中使用遗传算法将在下一代产生新的染色体组，并转换为数据流输入到实验板上进行试验研究。对电子电路设计的进化，利用电路仿真软件 SPICE，染色体就会被变为仿真软件中的染色体。在软件中对其进行仿真运行，经过一系列软件的评估来获得设计的结果。

在广义上来讲，一般的进化过程可以看成是一个复杂的动态变化系统。以这个角度为出发点，在众多的人工系统中使用"可进化"的特征，外界环境就会对这些系统的性能进行干扰。在可进化系统中不仅可以使用遗传算法对于神经网络、人工智能和胚胎工程也是可以使用的。虽然经过可进化设计出的硬件还存在一些问题需要解决，如系统的鲁棒性。但相信在不远的未来，传统的电子电路设计方法必然会被可进化设计方法所替代，妨碍系统设计的也不再是其的复杂度。另一方面，硬件本身在那些复杂多变的环境中具有的自重构能力，针对人不允许直接参与的系统工作会带来很大的影响。因此本研究将进一步发展，让可进化硬件技术更为成熟和被应用的更广泛，为人类造福。

第四节　电力电子电路中的数字化控制技术

随着科技的不断发展，现阶段我国的电力电子电路都得到了更高的安全保障并进行了广泛运用。在当前所使用的电力电子电路中，主要由主电路和控制电路组成。当中主电路负责传递能量，而控制电路以发出信号的方式对主功率开关管进行通断控制，进而进行电路输出。当前我国的电力电子电路发展仍不完善，工作频率不高、动态响应慢、电路功率不高等问题严重阻碍着我国的电力电子电路发展。因此，本节通过对新形势下数字化控制技术在电力电子电路中的运用，研究了其优势，以期为相关研究工作者提供参考。

在电力领域运用的电力电子电路技术，即在一定状况下利用电力电子器件控制和变换电能。从转换功率上来看，通常在 1W 到 1GW 之间，这与信息电子技术存在显著的差异。信息电子技术是对电子技术进行的模拟，运用于计算机的信息处理之中，而电力电子技术运用于对转换电力。在新形势下，数字化控制技术取代了传统模拟控制，能够消除温度漂移、便于调整变参数等诸多优点，使数字化控制技术为电力电子电路的安全性与可靠性大大提升。

一、在电力电子电路中运用单片机进行调控

单片机，即在电力电子电路中的单片微控制器。表面上看，它只是逻辑功能芯片，但在一定状况下它能集成计算机的集成系统于一个芯片上，甚至可以说微型芯片能成就计算机。微型芯片不仅在物质表现上存在体积小、质量轻的优点，在计算机软件的开发和运用过程中也提供了理论依据上的完善，为单片机详细掌握计算机构造和运行原理打下基础。

在电力电子电路的使用中，单片机主要作用于电路中的运算和调节电压电流，这直接影响着整个电路系统的运行。在电力电子电路数控技术中真正实现了双调控制高频 PWM 控制，在特定层面上来看，单片机的运用能缓解甚至解决 PWM 中高频与精度之间的使用矛盾。另外，单片机还能运用至工业测控、智能仪器表等结构中，在未来甚至可能运用到生活家电之中。单片机的运用是传统模拟电路运用的全新突破，以数字化控制技术提升工作效率。但当前的单片机控制存在一些精度和频率上的矛盾尚待解决，因此 DSP 作为更先进的电子电路技术油然而生。

二、运用 DSP 在电力电子电路中进行调控

DSP 即数字信号处理器，继承了波特率发生器与 FIFO 缓冲器于一身的新一代可编程处理器。DSP 更加高速同步和标准异步串口，甚至有的片内还具有采样 / 保持、A/D 转换电路、PWM 信号输出等功能。DPS 与单片机相比，CPU 的处理速度更快、集成度更高、存储容量的优势更大。属于 RISC（即精简指令系统计算机）的 DSP 能将多数指令完成于一个周期之内，以并行处理技术在同一指令周期内完成多项指令。另外，DSP 运用改进的哈佛结构，数据和程序空间独立，能同时对程序与数据进行存储。另外，DSP 的高速硬件乘法器使其具有强大的数据运算能力。相对来讲，单片机属于 CISC（即复杂指令系统计算机），运行指令周期一般要 2 ~ 3 个指令周期。它采用诺依曼机构，将数据和程序放在同一空间进行存储，这样在同一时刻无法同时访问指令和数据。受单片机的 ALU 功能限制，乘法运算需要通过软件来完成，因此要占更多的指令周期，相对速度慢。而 DSP 的单指令执行时间则快 8 ~ 10 倍，单次乘法运行时间则比单片机快 16 ~ 30 倍。在电力电子电路中，DSP 主要控制主电路、监控及保护系统并进行系统更新等，其中具体运用电路有 UPS 逆变控制电路、功率因数校正电路、交流电机调速电路与谐波抑制电路等。DSP 在电力电子电路系统中，还能负责数字锁相、控制显示、检测和上位机的通信。虽然 DSP 在使用中有诸多优势，但也存在一定的不足。例如 PWM 信号频率与精度、运算时间与精度、选择采样频率、采样超时等，这些缺陷直接影响着电路的控制性能。

三、在电力电子电路中 FPGA 的运用实践

FPGA 即可编程门列阵。它是以 GAL 与 EPLD 编程器为基础发展而来的，它更加切合新形势下对专用继承电路的运用需求，更解决了定制电路在某些方面的不足。弥补了传统可编程器件门电路数有限的缺憾。FPGA 属于可重构器件，在其内部逻辑上能根据用户需求进行个性化设定，因此相对集成度较高、处理速度也较快，使之在现阶段的电力电子电路中被广泛运用。FPGA 可简要划分为三个部分，即可编辑逻辑块、可编程 I/O 模块和可编程内部连线。FPGA 的集成度较高，比如，在一片 FPGA 之中，至少有几千个等校门，而通过 FPGA 能对这些十分复杂的逻辑进行系统化地科学处理，从而完成多块机车定点电

路与分立元件组成电路。FPGA 还能利用 VHDL 进行电路系统的相关设计，通常能分为对电路系统的行为描述、门级描述和 RTL 描述三个层次，若各方面条件都适合，则电力电子电路能混合仿真三个层次，便于对电路系统进行数字化设计，因此在其体积、成本、可靠性等方面都具有显著优点。相对来讲，DSP 更适用于取样速率低、软件更为复杂的情况下进行使用，而在系统取样速率较高、数据率较高、相对操作条件简单、任务较为固定的状况下，则更适合使用 FPGA。目前，FPGA 在逆变器控制系统、PWM 控制与直流电机的调速中都有不同程度的运用和发展。

因此，在电力电子电路中运用数字化控制技术，与传统的模拟控制电路相比固然具有显著的优势，但在更深入的研究中却存在一定的局限性。随着我国电力电子电路技术的日趋复杂化、高频化发展，芯片的单一使用往往无法满足预期效果。可见，在电力电子电路的研究与发展中，利用控制芯片的优势和相关运用条件进行组合运用，将有利于发挥其最大的数字化控制作用。只有这样才能真正促进电力电子电路的优化发展，这也是当前电力电子电路中数字化控制技术的主要发展趋势。

第五节 电子电路仿真技术与电子应用开发

电子产品的诞生给人们日常的学习和生活带来了非常大的便利。在电子应用技术的开发过程中，电子电路的仿真技术得到了可观的持续发展。电子产品的更新换代非常快速，在持续发展的同时技术手段更新的间隔也越来越短。电子电路仿真技术的科学运用，有效地提升了电子应用技术开发的效率。使用新型方法对电子产品进行研究和开发，为电子产品的普及奠定了坚实的技术基础。

随着我国的科技水平越来越发达，人们的日常生活当中开始接连不断地出现各种各样功能丰富的电子设备产品。这些电子设备产品为人们的学习、工作带来了非常大的便利，大幅度地提升了人们生活的质量水平。但是，随着技术手段的不断创新，电子产品的更新换代越来越快，技术人员逐渐开始运用全新的技术手段来进行新型电子产品的研发。电子电路仿真技术的有效使用，为电子产品的新型开发开辟了一条便捷的通道。

一、电子电路仿真技术的意义和作用

（一）有助于集成电路的发展

电子电路仿真技术的发展应用，让集成电路的发展取得了一定进展。当前电子产品对于集成电路的要求越来越高，其密度每年都在增加。技术开发人员逐渐开始使用芯片级的系统思想来进行电子产品的设计和开发，将电路中所具有的功能全部集中到芯片中去。电子产品安全和可靠性有所提高，电子产品开发的工作效率也会相应提高。电子电路仿真技术对于上述功能的实现提供了非常大的帮助。在芯片生产和运用之前，利用仿真模型来确定芯片能否顺利使用。如果不能使用，则需要进行相应的改善，增强电路设计的准确性。

（二）有助于电路设计的优化

大部分电子产品设备都具备对温度的敏感性。当外界环境的温度出现了明显的变化，其设备功能将受到一定影响，从而导致电子产品整体的稳定性受到影响。电子电路仿真技术的发展应用有效地改变了这种状况，电子电路仿真技术可以有效地分析出在各种温度的情况下，不同电路所呈现出来的不同特征。技术开发人员根据分析出来的结果对产品的设计方案进行不断的改进，以缩减电子设备对于温度的敏感性。电子电路仿真技术可以对电子设备的参数展开系统性的合理分析，技术开发人员根据所分析出来的结果选择出最适合的设备参数，并确定方案的设计程度，以保证电路的设计方案能够得到最大程度上的优化。运用电子电路仿真技术进行电路的优化设计的影响范围，涉及到所生产出来的电子产品今后的批量投产。

（三）有助于电路功能的验证

电子产品在系统的开发方案设计完成以后，需要对产品方案的可行性进行验证，以保证电子电路的设计符合技术标准的要求。电子电路仿真技术的应用恰好可以有效地验证电子产品系统的研发方案是否具备了可行性，诸如电路功能是否存在误差等方面的内容。有效地验证电路可以减少在电路设计期间可能被设计人员不慎忽略掉的问题。电子电路仿真技术的应用可以有效保障在电路进行生产和制造之前，不会存在功能方面的问题。一定程度上为后续进行工作的技术人员减轻了任务量，让产品设计的质量得到大幅度提升，并缩减了电子产品开发的时间。

（四）有助于电子产品的开发

电子产品的开发所注重的重点是实践。技术开发的过程非常复杂，要不止一次地进行设计和制作，并经历多次技术调试和修改。对于电子产品的开发来说，技术的调试和修改是非常重要的环节。倘若这两个环节中出了问题，那么生产出来的电子产品的性能会出现不符合要求的现象，其最终的产品设计方案也会出现一些缺陷。因此，在电子产品的开发过程中，这两个环节所应用的先进技术非常关键。电子电路仿真技术的应用同传统的电路调试和修改手段相比较具备非常明显的优势，可以大幅度提高电子产品在修改和调试过程中的准确性。电子产品的开发不再拘泥于传统的研发方式，利用电子电路仿真技术这项新型开发技术来进行电子产品的研发。

二、电子电路仿真技术的发展趋势

电子电路计算机仿真技术是现阶段电子计算机应用技术领域中一项重要发展进程。电子电路仿真技术的全面完善，能够进一步推动电子应用技术的飞快发展。当前电子电路的仿真技术还仅限于电路硬件系统方面的仿真，对于一些具备 CPU 的数字系统还无法进行仿真。随着电子电路仿真系统模型的不断进步与完善，加上系统算法的不断精确，总有一天针对 CPU 程序的电子电路仿真技术功能也会应运而生。电子应用的开发技术是大规模集成电路器件的广泛应用，是硬件描述语言的使用，也是电子电路仿真技术的有效应用与电子产品生产方式社会化的科学统一。其中，电子电路仿真技术的应用，对于电子应用技术的开发有着非常深刻的影响。电子应用技术开发手段的不断完善，主要是围绕着为技术开发人员提供更便捷的设计方法、更可靠的电子器件与更方便的产品为主要内容进行完善的。围绕着这个发展目标，电子电路的仿真技术会得到更加全面的发展。其开发手段和开发时所用到的设备也会愈加完善，更进一步缩减电子产品开发所需要的时间。

在电子产品开发的进程当中，电子电路的仿真技术在整个技术研发过程中起到非常重要的作用，主要原因是电子电路的仿真技术作为一种新型的技术研发手段，有着相当大的发展和进步空间。但是还有大部分技术工作人员对这项技术并不了解，制约了电子产品的研究发展，要让更多的技术工作人员了解这项新型研发技术，将其运用到电子应用技术的开发中去。

第六节　医疗设备中电子电路系统的诊断技术

合成电子电路的主要元件主要为电子元器件，每个元器件在电子电路中都存在特定的作用。如果某个元件出现损坏情况，就会影响到电子电路的功能，导致其功能发生变化。在对电子电路系统诊断技术关键作用充分明确的前提下，在医疗设备中对各种电路故障的特点和诊断故障的方法进行论述，并分析其发展现状。然后对各种电路故障的应用前景和分析方法着重进行分析，在诊断电子电路系统过程中提供有效的参考依据。

在使用医疗设备过程中会有诸多的故障出现。按照故障类型的不同，可以将故障诊断分为模拟系统和数字系统两个类别。其中，对于数字系统来说，其主要通过信号的加载进行故障诊断，同时按照电子电路的拓扑结构和激励信号间的关系诊断故障。对加载哪种类型的信号进行充分明确，是数据系统进行故障诊断的关键点，从而将故障点有效地反应出来。然而模拟系统存在更加复杂的故障诊断情况，由于数字信号具有跳跃性的特点，而模拟信号存在一定的连续性。如果电子电路配件没有在容差范围之内，均会导致故障发生。因此，模拟系统故障的状态存在一定的无限性。

一、数字电路故障诊断技术

现阶段，我们在测试数字系统过程中可以运用确定性和非确定性两种方式。对于确定性测试来说，它是通过布尔差或 D 算法将矢量生成，对于布尔差或 D 算法存在的不足之处，当前已经将具有优越性能的主通路敏化法和九值算法形成。针对非确定性测试来说，它主要对人工模式进行运用。按照测试人员的测试经验和对系统的熟悉程度，将测试集生成。或者利用随机的软件方式，通过随机码筛选相关故障，最终将具有较高覆盖率的测试集产生。

二、模拟电路故障诊断技术

自60年代以来，模拟系统的诊断和测试就存在比较缓慢的进展情况。S D Bedrosiam 首次发表了有关这方面的文章。在70年代，该领域开始活跃起来。F C Rault 和 P.DUhamet 对这一时期的研究成果进行了全面总结。对于模拟电路故障诊断技术来说，它主要包括测后和测前两种诊断方法。主要通过电路仿真计算诊断工作量，根据人工智能标准，能够分为现代模拟电路诊断模式和常规诊断模式两种类型。常规诊断模式对验证法、元件参数辨识法和故障字典法均有所涉及。验证法、元件参数辨识法均为测后诊断。元件参数辨识法需要对相关的诊断信息进行收集，所以其计算工作量也较多。但是对于验证法来说，其故障诊断可以通过有限的信息集完成，其存在比较简单的操作方法。同时，按照故障范围的不同，可以将验证法分为多种的诊断方法，例如网络撕裂、故障界定及K故障等。而故障字典法为一种测前诊断，当前，该方法的使用最广泛。按照激励源和故障信号间的差异，可以将故障字典法分为几种类型，例如交流故障字典、直流故障字典等。

三、混合电路故障诊断技术

在电路系统中，主要通过 $\sum {}^{*}Q \to 2Q$ 对其状态转换式进行表示。在电路系统 G 处于 $q(q \in Q)$ 的情况下，则会导致事件 $\sigma(\sigma \in \sum)$ 发生，此时模型可能向状态集转变，主要对故障和诊断结果间的状态关联性予以表示。利用离散事件系统诊断数模电路，会对相关方面的工作有所涉及。例如，对电路系统 G 的可测试性进行判断；如果存在明确的测试条件，需要将电路系统 G 中最小的测试集计算出来；将电路系统 G 对应的故障率计算出来。

四、虚拟仪器系统的组建方案

（一）对所设计仪器的接口形式进行合理制定

若在仪器设备中存在 RS-232 串行接口，那么可以将计算机的 RS-232 串行口和仪器设备直接通过连线进行连接。若为 GPIB 接口，还需要配备 GPIB-488 接口板。在计算机 ISA 插槽中插入接口板，将仪器设备和计算机间的通信桥梁建立起来。

（二）对硬件采集卡进行开发

在设计硬件采集电路过程中，需要按照设计的虚拟仪器可以达到的被测信号和性能指标的具体情况，对系统结构进行合理设计，系统的结构合理性直接影响着系统的性能价格比和可靠性。在设计软件功能和硬件功能时需要尽可能地简单化虚拟仪器的结构，且保证其具有较低的成本，且可靠性较高，使采集卡采集的速度和精度有效提高。

现阶段，在不断发展科学技术的影响作用下，逐渐增大了现代电子系统的规模，使得结构变得更加复杂，从而增加了系统功能失效和系统故障的发生率。在电子系统中，电子电路是一项十分重要的组成部分，在诸多的电子产品中广泛应用了电子电路。如果电子电路出现相关故障，会导致整体系统或整个电子产品受到影响，并带来严重的损失。对于医疗设备中电子电路系统来说，其电子电路故障的发生会使得患者的治疗安全受到影响。为良好、稳定地运行电子系统，需要工作人员和维护人员有效预测设备在短期内可能出现的相关故障，以便有效预防故障的发生。如果发生故障，需要对其进行及时、妥善处理。因此，对于医疗设备电子电路系统来说，积极探究其故障诊断技术对医疗服务的顺利开展具有非常重要的意义。

第七节　电子电路产业基础材料市场发展

随着国民经济的发展，人们对物质生活水平的要求越来越高，这就要求电子电路产业不断提高自身的水平，以便满足人们的日常需求。电子电路产业要想做大做强，就必须掌握基础材料市场的发展动态。因此本节主要对中国电子电路产业基础材料市场的发展进行分析，希望对电子电路产业的发展有一定助益。

引言：要想促进中国电子电路产业不断地发展，就必须对电子电路产业基础材料市场的发展做出正确的分析。电子电路产业基础材料市场主要包括三个行业，分别为电子玻纤布行业、覆铜板行业以及印制电路板行业。关于这三个基础材料行业的市场发展信息主要表现在下几个方面：

一、印制电路板市场

依据世界电子电路理事会的调查显示，世界印制电路板市场的发展规模已经逐渐恢复，总产值高达四百二十亿美元。其中日本的总产值为一百一十三亿美元，中国大陆的总产值在一百亿美元左右，韩国与北美的总产值依次为五十一亿美元和四十六亿美元，欧洲大概在三十七亿美元。

印制电路板市场的发展势头将会越来越迅猛。从世界印制电路板的产品结构上来看，新一代的电子系统印制电路的需求主要表现在高密度化。随着电子整机产品向着多功能化、轻便化以及轻量化的方向发展，社会对多层板、刚挠结合板、挠性印制电路板以及IC封装基板等种类的需求越来越高。中国大陆的电子电路产业将会作为中国经济的首要支柱产业加快速度的发展。

二、覆铜板市场

依据我国台湾工业研究院所的报告显示，全世界覆铜板市场的总产值已经达到八十一亿美元左右。在中国覆铜板研讨会上，覆铜板行业协会做出的预测表明，电子终端市场依旧具有多元性。欧洲与日本的经济相对比较稳定，并且呈现出向前发展的趋势，中国以及印度等发展中国家的经济基本保持平稳。而且由于冬奥会的举办，经济有向前发展的势头。最终使印刷电路板的产能得到释放，进而增强 CCL 的市场需求量。高性能产品市场份额的提高，可以促进掌握行业形势的大企业更加顺利、流畅的运营。但是，原材料的涨价趋向不会有太多的变化。人民币也将不断的走强，出口退税政策的作用会逐渐得到发挥，阻碍加工贸易的因素不断的增加，进口原材料的优势逐渐降低。由于 CCL 产能的完全释放，市场竞争更加激烈。因此大部分的中小企业由于受到成本、技术等因素的限制，很难维持自身的运营与发展。

结合上述的有利因素与不利因素进行分析，覆铜板行业协会认为全国的覆铜板产销量在很大的程度上可以得到提高。但增长的幅度应该不会太大，并且覆铜板行业的经济效益还有可能会出现下滑的趋势。因此相关的行业部门应该积极增强自身应对风险的能力，争取在最大程度上降低风险，保障行业内部可以合理有效地运营，进而实现自身的可持续发展。

三、电子玻纤布市场

依据我国台湾工业研究院所 IEK 的市场报告显示，全球的电子玻纤布市场的发展规模为 20 亿美元左右，与以往同比增长了 13.60%。有关专家预测，电子玻纤布市场的发展规模在未来会在一定程度上出现下降，并在下降一段时间后继续回升。

当下来看，中国的大陆在全世界范围内已经成为最大的电子玻纤布制造与销售基地。中国的电子玻纤布市场的发展已经越来越成熟，进而和国际市场实现了完美的接轨。根据海外的媒体报道，目前我国大陆的电子玻纤布产值已经达到全世界的 53%，我国台湾地区的子玻纤布产值已经达到全世界的 41% 左右，合计起来高达 95% 左右。因此，我国在全世界的电子玻纤布市场占有举足轻重的地位，对全球市场的发展具有决定性的作用。根据相关资料显示，我国大陆共有产池窑五十六座，半电子型的池窑共十一座，两者合计的电子纱年产量为四十万吨左右。在以后的发展过程中，我国的大型池窑仍然会继续增加，电子玻纤布的总产量将会继续提高。正宗电子布与仿电子布的产能也会逐渐增加，进而可以适应我国大陆覆铜板的生产需求，促进其生产效率的提升。综上所述，我国大陆的电子玻纤布的市场规模不会像以往那样，以四年为一个周期出现市场高峰期。电子玻纤布市场的布价增长速度很快，进而导致覆铜板的相关商家缺乏一定的材料供应，找不到米来下锅。我国大陆的电子玻纤布的市场将会逐渐融入到国际电子玻纤布的大市场中去，进而逐渐迈上新的发展轨道，提高自身的发展速度。

最近，我国的印制电路行业协会的王秘书长深刻指出，近几年来我国的大陆地区获得了很多的外资支持，得到了来自于国外的材料、PCB 以及设备的投入。我国大陆的企业无论是在投资的范围、投资力度还是投资的层次与水平等方面，与外资相比都具有很大的差距。虽然依据属地化的标准，在中国大陆设立的企业本质上都应属于中国大陆，但是在实际上本土的比例还不到一半。这表明在中国的大陆地区，电子电路行业在不断发展的同时仍然会遇到一定的阻碍与挑战。大多数没有过硬技术的、生产质量不高的、没有科学的运营规划以及战略眼光的中小型企，由于无法在这个竞争日益激烈的社会中得以发展，因此都即将面临着被淘汰的命运。

总而言之，中国电子电路行业要想促进自身的可持续发展，就必须科学、合理地处理好电子玻纤布行业、覆铜板行业以及印制电路板行业这三个行业之间的关系，及时掌握市场的发展趋势与行情。只有这样，中国电子电路行业才能在激烈的社会竞争中得以立足；进而走向世界，打造出具有中国特色的国际品牌。

第八节　数字电子电路设计中 EDA 技术的应用

在科学技术发展的大力推动之下，数字电子电路设计也随之进步。传统的电路设计工作已经不能实现时代需求与发展的满足，因此必须在电子电路设计中实现对 EDA 技术的科学使用。本节主要针对数字电子电路设计中 EDA 技术的应用进行进一步探析，这对电子电路设计工作的顺利开展有相当重要的作用，同时也为后续各项工作打下坚实基础。我们必须提高对 EDA 技术的重视程度，在作业过程当中，结合实际科学使用 EDA 技术。

现代社会微电子技术发展速度相当迅猛，数字电子电路设计工作所面临的难度也在逐步增加。电子产品翻新周期的缩短给数字电子电路设计工作带来一定的难度与挑战。EDA 技术所具备的优势相当明显，在数字电子电路设计中进行科学使用可以说是划时代的改革。在降低成本以及缩短设计周期方面，EDA 技术所占据的优势相当明显。这也是其在数字电子电路设计中应用范围逐步扩大的主要原因，并为电子产品后续发展与进步打下坚实基础。

一、EDA 技术概述

EDA（Electronic Design Automation，电子设计自动化）技术是逐渐从计算机辅助测试、计算机辅助制造、计算机辅助设计以及计算机辅助工程中发展而来的。该技术主要是将计算机作为载体，在 EDA 软件平台上，设计者主要采用硬件描述语言 VHDL 进行设计，进而由计算机自动完成各项工作。

EDA 技术是一种融合了当前多种新型技术的新技术，它以计算机为载体，将计算机技术、信息技术、电子技术以及智能技术相互融合起来，进而完成电子产品的自动化设计工作，这样有效促进了电路设计的可操作性以及效率性。不仅保障了电路设计的质量和效率，同时也极大地减轻了设计者的工作强度，同时也降低了电子产品的生产成本。具体来说，EDA 技术的特点以及 EDA 技术设计流程如下。

（一）EDA 技术的特点

（1）EDA 技术可利用多种软件设计方式在硬件电路选择中进行使用。设计工作可借助 VHDL 语言、波形等开展。在下载配置之前也可以实现自动完成的目标，并不需要得到硬件设备的参与。操作简单方便也是其在修改硬件设备中所发挥的明显优势。这种修改硬件设备的方式与软件程序修改之间呈现出最大限度的贴近状态，所以在测试过程中也需要借助软件进行，这是保障特定功能硬件电路科学性以及有效性的重要前提。

（2）EDA 技术能够以自动化的形式进行产品直面设计。它可以通过 HDL 语言和电路原理图等自动化的逻辑编译的相关程序输入其中，并生成相应的目标系统。简单说来，这种技术能够以计算机为依托，从电路功能模拟、电路性能分析、电路的设计以及优化、电路功能的测试和完善等全部流程都可以以自动化的形式实现。

（3）集成化程度较高是 EDA 技术的明显优势与特征，同时也可在自身上实现对片上系统的科学构成。EDA 技术从本质上来说是一种设计方式，芯片是其载体，在电路电子设计工作当中所发挥的作用不可替代。尤其是大规模的集成线路可促使繁杂的芯片设计工作不断简化，并且顺利完成保障集成电路设计工作的专业性与科学性。

（二）EDA 技术设计流程简介

EDA 技术对于数字电子电路设计的意义可以认为是它将推动了数字电子电路设计的一个发展变革，使其进入了一个发展的新时期。传统的电路设计的模式多是以硬件搭试调试焊接的方式，而 E-DA 技术以计算机自动化的设计模式对传统的电路设计模式进行了创新。

EDA 技术设计流程主要包含 8 个流程，依次为：设计指标设计输入（将电路系统采用一定的表达式输入计算机，其中包括图形输入以及文本输入）→逻辑编译（将设计者在 EDA 中输入的图形或文本进行有效的编排转化）→逻辑综合（将电路中高级的语言转化为低级的，并与基本结构相应射）→器件适配（将由综合器产生的网表文件配置到指定文件中，使之能够下载文件）→功能仿真（跟进吧算法和仿真库对设计进行模拟，以验证其设计是否和要求一致）→下载编程（将适配后生成的配置文件和下载文件以编程器下载）→目标系统。

二、EDA 技术在数字电子电路设计中的应用

我们可以通过设计一个数字钟电路来展现 E-DA 技术在数字电子电路设计中的应用，

该数字电路钟能够显示秒、分、时。

（一）准备的设备

本次实验主要是选用 FPGA 芯片 EDA 技术实验工具以及电子计算机。

（二）实验设计方法

依照 EDA 技术的设计规范进行分层设计，其内容包括数字钟；时计数、分计数、秒计数以及译码显示；24 进位制计数器、60 进位制计数器以及译码显示电路。在 VHDL 语言描述上，要使用 VHDL 语言对 60 进位制计数器、24 进位制计数器进行描述编程，并将两者进位标准进行调整，使其一致。

关于译码显示电路的设计。在设计中可以使用动态译码扫描处理电路进行处理，这能够在某个时间点点亮单个数字码而达到 6 个同时显示的视觉效果。这样不仅将电路能耗降到最低，同时也节约了器件资源，并延长了器件的使用寿命。关于顶层设计，在这一设计中需要建立在底层设计模块的基础上，通过原理图方法将两者进行有机的融合，进而获得一个完整电路。

（三）编译下载

采用编译仿真的方式对编程设计进行复制移动于 FPGA 芯片中，这就完成了基本的设计。之后需要对本次设计进行相应的检验，采用实验工具箱来检验本次设计的精确度。如存在错误，需要直接在计算机环境下修改程序，之后再次进行编译下载。在当前数字电子电路设计中，EDA 技术是较为先进的技术，具有自身独特的优势，为数字电子电路设计带了革命性的发展。

通过对现阶段的数字电子电路设计工作进行分析后可以发现，EDA 技术的科学应用是电路未来发展的主要趋势与方向。虽然还有很多不足与缺陷存在于我国数字电子电路设计工作当中，但是我们可借助 EDA 技术对其进行不断的完善与优化。在此过程当中也需要将该项技术作为主要依据，针对电子电路设计工作进行不断的深化与研究。并且通过加大科研投入的方式支撑各项技术得以不断创新与改革，推动我国电子技术实现真正意义上的提升与发展。最大限度对科技实力进行增强。

第四章　电子信息技术

第一节　电子信息技术内涵

电子信息技术作为一门高新技术门类，在现代信息工程建设中逐步发挥着其独特的作用。电子信息技术不仅对社会发展产生了深远的影响，在我们的生活中也有越来越重要的作用，本节将简单的介绍一下电子信息工程技术所涉及的领域，如何更好的研究电子信息工程技术以及在现实生活的应用。

作为当今社会发展最快的领域之一，电子信息技术下辖学科众多，包含与电子电气相关的众多学科门类。同时，电子信息技术涉及领域广，应用范围也广。

一、电子信息技术涉及领域简述

高新科技的发展极大地促进了电子信息技术的发展。电子信息技术在工农商等领域都有了较为广泛的应用，进入到国家经济领域和社会生活中，极大地推动了社会和经济的发展。

电子信息技术在通信领域应用普遍。信息科学的三个重要支柱就是通讯技术、硬件技术以及信号解决技术。消费类电子也是电子信息技术集中展现的新天地。消费类型的电子产品技术在有差别的国家有不一样的内容。我国消费类电子产品主要运用在家庭领域，主要指广播电视等音视频产品。在综合国力比较强大的国家，消费类电子产品还包括私人电脑、家里的办公用品等。随着经济社会的发展，许多新兴的消费类产品不断出现，例如数码相机、移动手机等等。

二、研究电子信息工程的数学工具

数学的作用不言而喻。在电子计算机的研究过程中，数学是计算机得以不断发展的一个重要保障，可以说数学的发展直接关系电子计算机技术的发展。

在电子信息工程的研究过程中，数学的一个重要作用就是剖析物理现象，还对和电子元器件、电路等相关东西进行建模。可以说，离开了数学，就无法进行电子信息工程的研究与应用。应当说，只有建立了正确的数学模型，才能确定所研究的方向和方法是正确的，才能得到正确的研究结果。因此，数学是电子信息工程研究中十分重要的检测工具。

三、电子信息技术的应用

（一）在汽车领域的应用

电子信息技术日益渗透到汽车领域的方方面面，汽车已成为当代高精尖技术的集中看台。随着电子技术、计算机技术和通讯技术的应用，汽车电子管制技术得到了迅猛的发展。汽车电子化的水平被看作是权衡当代汽车现代化程度的重要标志，是用来开发新车型、改良汽车功能最重要的技术方法。

（二）在交通运输中的应用

在交通运输过程中，呈现了比较智能的交通体系。所谓智能交通系统，就是在目前的交通情况下，使用当代高新技术进行正当的交通需要调配，经过主动的信号管制系统、卫星导航系统、汽车自动引路系统、交通信息通讯系统、视频监控系统、电子收费系统和计算机管理等多种手段，完成平安、急速、便捷运输目标的一种交通综合操持计划。

（三）在办公领域中的应用

电子政务逐渐向高层发展。实现电子化和网络化办公已经成为各类办公的主要内容。随着体系完整、结构合理、高速宽带、互联互通的电子政务网络体系的建设，进一步增加信息加工与传递的频率，完成办公的自动化。办公自动化促进了企业管理的网络化和自动化，极大提高了办公效率，节约了办公营运成本。

（四）在其他领域中的应用

电子信息技术在医疗、卫生和制药领域也有广泛的应用。如智能医疗器械，制药设备和医疗卫生信息系统等无一不与电子信息技术直接相关。

四、电子信息技术举例 –Zigbee 软件平台

本节中所介绍的 Zigbee 定位技术是以 Z-Stack 协议为基础，在应用层完成应用程序的设计，在外部调用下层函数完成操作。Z-Stack 采用的机制为事件轮循机制，事件发生时，系统会开启工作模式，处理事件。同时有多个事件发生时，会先对这些事件的优先级进行判断，之后按照顺序逐次处理。处理完成后，会保持各层的初始化状态，随后进入低功耗模式，节省功耗。OSAL 的运行机制在 ZStack 协议中占有很重要的作用。

OSAL 主要是一个任务调度机制，任务中多个事件对应着不同的事件号，Event 设置为相关事件时，OSAL 的任务调度机制就会用相应的处理程序对相关任务进行处理。

OSAL 的任务完成主要是分为任务的初始化和处理任务两个部分。包括以下 5 个步骤：

1) 初始化应用服务变量；2) 分配任务 ID 和分配堆栈内存；3) 在 AF 层注册应用对象；4) 注册相应的 OSAL 或 HAL 系统服务；5) 处理任务事件。

电子信息技术是当今世界上发展最快的领域之一。包括众多子学科，如电子科学与技术、电子信息工程、通信工程、微波工程等。只要掌握牢固的专业知识，电子信息工程专业学生将具有广阔展示才能的舞台。

第二节　互联网＋电子信息技术

当今时代的互联网技术与科学正在突飞猛进的发展，然而在"互联网＋"发展的同时，电子信息技术自然而然地就会遇到各种各样的机遇以及挑战。当前阶段，电子信息技术在社会的经济发展中也发挥了巨大的作用，产生了无与伦比的效果，同时也给人们的日常生活带来了巨大的变化。但是"互联网＋"电子信息技术在其进步与发展的过程中也有一些问题。所以，本篇文章是通过分析"互联网＋"电子信息技术的发展现状，对电子信息的发展做了一些探索。

在"互联网＋"电子信息技术不断发展的当代社会中，其已经成为了人们日常生活中的重要组成部分。在平时的日常生活中，电子信息技术正在发挥其重大作用。不仅能够使人们的日常生活得到改善，而且能够使人们的工作效率产生很大的提高。在这样的环境下，虽然电子信息技术在发展过程当中有许多的挑战，但是人们更加希望电子信息技术可以为人类社会作出更大的贡献，发挥强大的作用。

一、如何发展"互联网＋"电子信息技术

在如今这个"互联网＋"的时代，互联网的思维以及应用正在发生改变，其正在对传统的发展模式进行创新，这导致了很多企业正在面临重新洗牌的危险局面。所以传统的一些产业应该把"互联网＋"做为其发展的契机，推动企业创新运营模式，提升信息化建设，推动企业的科技创新发展，同时也要将信息技术与产业链优化进行有机结合。把信息技术应用到传统的制造、生产、销售的过程中，才能提升企业的竞争力。互联网创新的成果与传统产业进行融合之后，有利于社会的进步，有利于提升效率，有利于提高实体经济的竞争力和活力。这样能够形成一种以互联网为基础设施的促进社会进一步发展的新形势。

二、"互联网＋"电子信息技术的发展特点

（一）"互联网＋"电子信息技术发展的多核化

"互联网＋"电子信息技术发展的多核化，简单地讲就是指处理器的多核化，处理器支持多个核心共同进行运行的形式。我国的科学技术正在不断发展，同时处理器的运行效率也正在与日俱增。不仅如此，我国互联网使用的处理器体积也正在向微小化发展，所以可以接受的核数量就变得越来越多。例如在我国，我们最先使用的手机的处理器是单核的，

逐渐发展成双核。后来又由双核发展成为了四核，至今已经由四核处理器发展成了八核处理器。我们现在所使用的手机大部分都是八核处理器。手机发展是如此，计算机在多核技术上的发展就更为先进了。所以"互联网+"电子信息技术在多核化方面的发展是极其迅速的。

（二）"互联网+"电子信息技术发展的多媒体化、智能化

我国的电子信息技术的更新换代是非常迅速的，我国的计算机技术革新基本上每两年就会进行一次。现今，我国的CPU已经发展到了64位，还有一些特别先进的互联网技术已经达到了128位。最直接的例子就是我们从最初使用只能进行影像存储的VCD，发展到了存储量更大的DVD，直到现在出现了光驱以及U盘等技术的应用，最近这年又出现了网盘及云储存等先进的技术。除了多媒体化以外，"互联网+"电子信息技术也正向智能化的方向发展，但是还没有真正的实现智能化，我们的电子信息技术还是在自动化的程序中来实现的。但是随着智能产品的应用与智能技术的发展，我国的电子信息技术在不久的将来就会实现智能化的发展。

（三）"互联网+"电子信息技术的微电集成发展与光电发展

什么是"光电子技术"？简单来讲就是把光子做为信息技术的一种载体，这样可以缩小设备的体积。虽然体积有所减小，但其使用效率以及信息的传播速度却大大提升了。电子信息技术发展的两个重要手段就是微电子技术和光电子技术，这两种技术使"互联网+"电子信息技术取得了前所未有的新成就。

三、"互联网+"电子信息技术的发展建议

经过不断的探索与研究，虽然我国电子信息技术已经取得了一些成就，但在一些方面还需要加强。笔者对于"互联网+"电子信息技术的发展提出了以下几条建议：第一，要尽快建立起一种"两化"融合的管理机制。所谓的"两化"就是指信息化以及工业化的融合。如果二者能够得到有效配合，就可以加快实现电子信息技术产业的升级与转型。在融合进行的过程当中，需要大量的人力、物力和财力方面的支持。与此同时也要通过管理好内部体系来提升信息技术的综合竞争力，所以在这一方面需要企业的帮助；另一方面也需要适当的发挥政府的指导作用，通过贯彻出台各项标准来促使企业更好更快的发展。第二，要强化制定对于电子信息技术产业标准化的应用机制。电子信息技术产业在其发展的过程当中，一定要加快各种技术的转型、改造与升级。这样可以促进企业的发展，能够实现主要产业的创新。由此可见，相关的部门一定要引起重视，将制定标准化电子信息技术产业放在首要位置。在制定标准化电子信息技术产业的过程当中，企业起着主导作用，居于首要地位。企业要以市场为导向，积极参与到信息技术的发展中。只有有标准化的发展模式，才能提升电子信息技术在社会上的地位，从而促进产业转型的完成。第三，加强电子信息技术在国际市场当中的竞争能力。以当前发展形势来看，我国的电子信息技术产业正在不

断地发展与创新，而且也产生了许多属于我们自己的独立品牌。且根据调查可以发现，每年都会有新型产业的出现，并且逐渐增加。电子信息技术的专利也有所提升，这说明一些高技术人员对于此类行业的发展比较重视。但是，如果站在国际的角度，我国电子信息技术的发展程度还是比较落后的。所以，从国家层面来讲要重视电子信息技术产业的发展。只有坚定不移地向着职能、融合、创新的角度发展才能提升其在国际上的竞争力。

四、电子信息技术在我国的发展趋势

（一）规模化与个性化发展

一个行业是否能得到有效的发展，这与市场所需要的实际需求是分不开的。如果电子信息技术产业想要得到有效的发展，就要适合市场的发展需要，满足市场的实际需求。只有产品能够满足大众化的要求，才能在市场上占据一席之地。单纯从表面来观察，电子信息技术产业在销售方面可能有很可观的经济效益，但是如果电子信息产业没有符合市场的需求，达到一定的规模，仍然不能够实现自身的发展。正是因为这些原因，电子信息技术才要向着规模化和个性化的方向发展，为广大群体制定符合自己个性的专业功能，并且具有本身的特色所在。只有这样才能够得到广大人民的青睐，从而促进电子信息技术的发展。

（二）智能化以及移动化发展

互联网信息技术正以飞快的速度向前发展，各种高科技产品在市场上也崭露头角，在各个领域中应用的更加广泛。但是就目前的发展状态来讲，电子信息技术会朝着智能化以及移动化的方向发展。这种产品的发展能够得到多数人的支持，满足人们的日常生活需要，给人们的生活和工作带来巨大的影响。

综上所述，电子信息技术的发展对于我国的经济发展产生的作用是不容小觑的。"互联网＋"电子信息技术的发展能够促进社会经济水平的发展与进步，与此同时在人们的生活和工作中也带来了巨大影响。但是，从当前的发展趋势来看，电子信息技术还面临着许多挑战与困难，这些都会对电子信息技术的发展起着阻碍作用。所以，国家如果想要推动电子信息技术向前一步迈进，就一定要采取措施，优化产业结构，推动"互联网＋"电子信息技术向智能化和移动化方向迈进。

第三节　电子信息技术的发展趋势

电子信息技术自产生以来就得到了广泛的发展，当下电子信息技术的发展更是突飞猛进，在教学、医疗、汽车等先进的领域都有着新兴电子信息技术的应用。电子信息技术的发展为我国经济发展和社会进步奠定了基础。随着电子信息技术的发展，其实际应用趋势不断由专业化向智能化发展。科学技术的进步势必会使电子信息技术得到进一步的发展。

本文针对当下电子信息技术的发展进行分析，对电子信息技术的发展趋势进行展望。

随着我国科学技术的不断进步，电子信息技术得到了广泛的应用和发展。在人们的日常工作和生活中，都少不了电子信息技术的支持。电子信息技术给我们带来的便利主要在于其电子信息技术的高效和便捷形式。世界上越来越多的国家开始在工作中使用电子信息技术，并不断开发电子信息技术，为提高人们的生活水平而不懈努力。

一、现代电子信息技术的实际应用

（一）在日常生活中的应用

当下互联网经济的不断发展使得信息的交流越来越便捷、快速，信息的传递速度超出了人们的想象。在 21 世纪发展以来，电子信息技术的发展使得更多的新型电子信息产品投入到人们的生活当中，给人们的日常生活提供了莫大的便捷。我国互联网科学技术在现代化信息技术当中的应用以及宽带入户和移动网络的发展促进了网络购物的推广，带动了我国经济的发展。让居民即使在较远的地区也能获得全国各地的商品和服务，这就体现了电子信息技术在实际的日常生活当中的优势。移动网络的不断普及，简便了人们之间的交流和沟通。人们在生活当中不再单单依靠有线的设备来开展交流和沟通，使日常生活当中的交流和沟通更加多样性。此外，电子信息技术的进步促进了我国移动设备的智能化进步。一些智能手机、iPad、笔记本电脑等设备的发展给人们的生活带来了更多的娱乐性，同时还满足了多样化办公的需求。笔记本电脑实现了随时随地办公，在人们外出或者不能够及时到达工作地点来开展工作时，可以采用现代化的电子设备解决这方面的难题。进而实现随时随地工作的目标，在提高工作效率的同时满足了人们的实际生活体验。

（二）在教学方面的应用

在教学方面，先进的电子信息技术促进了我国教育事业的进步与发展。教育是我国未来持续发展的重要基础，社会的不断进步和国际形势的不断变化使学生如何高效地学习成为教育事业首要待解决的问题，而电子信息技术在我国教育事业的应用有效地解决了这一问题。电子信息技术在教育教学当中的实际应用，能够在第一时间内让学生和教师了解到国际前沿的教育内容和动态。目前，我国各个大学及部分中小学校都安装了以多媒体设备为代表的现代化教学设备。将先进的多媒体设备和教育教学联系起来，进而促进先进的多媒体设备技术的应用。

电子信息技术的不断发展使教师在教学方式上具有更多的选择性。可以选择合适的方式开展教学工作，利用现代化的电子信息设备可以将课件内容展现在课堂的多媒体上。以先进的互联网技术为支持，在互联网下载优秀院校的教学内容，将其分享给同学，提高教学效率，使教育行业走在国际的前端。在这种现代化技术的支持下，学生不再只是单纯地面对黑板和教材进行学习，而是可以有选择性地选择自己喜欢的现代化多媒体学习方式开展学习。进而在电子信息技术的支持下学到更多有利的知识内容，进而告别填鸭式的教学环境。丰富学生的见闻，开拓视野，提高学生对学习知识的兴趣，促进学生各方面的综合发展。

在远程教育和电子图书馆不断流行的今天，这些现代化的学习内容逐渐融入学生的生活和学习当中，给学生提供了更加丰富的学习内容。信息技术的发展使网络教学逐渐融入教育事业当中。在今后，学生的学习不仅仅是通过课堂教育开展，而是可以在网络上进行沟通交流和学习。还可以通过先进的移动媒体 APP 和考试系统进行自我考试和评估，为教育教学的多样化开展提供了帮助。

（三）在医疗事业的应用

社会经济的发展促进了医疗卫生事业的发展，医疗卫生事业是提高我国国民生活满意度的重要内容。人们生活水平的不断提高使其对先进医疗技术的需求越来越大。在医疗事业上，可视化和数字化先进医疗设备的应用提高了医疗事件的可靠度。电子信息技术的进步带动了医疗设备的自动化、精确化和智能化发展。在医疗资源方面，人们可以通过网上预约直接就诊，避免了在医院内部挂号的烦琐。此外，网络上可以集中显示各个医院的信息，使患者对所有医疗信息一目了然，提高了医疗工作的开展效率。

在医疗设备方面，现代化电子信息技术在医疗设备上的应用体现在数字放射摄影、核磁共振成像和断层扫描等方面。我国现代化医疗设备的使用为专业医护人员判断病情提供了重要的参考。让疾病治疗的针对性更强，从而对症下药。由电子信息系统记录病人的发病记录和治疗记录，建立专业的电子数据库，完善对医疗时间的科学管理，便于有关部门及时调阅和复核信息。采用电子数据库这种无纸化办公形式节省了大量的办公资源，同时节省了大量空间，使医疗信息的查找更加快捷，提高了人们的医疗体验。

二、我国电子信息技术的发展趋势

（一）多元化、集中化的发展趋势

目前，我国现代化的电子信息技术发展体现在多元化和集中化的发展趋势。电子信息技术在不同行业的实际应用形成了新的技术领域，且不同的技术和行业相互渗透、相互结合。由于技术的创新具有持续性，使电子信息技术企业的经济效益得到一定提升，进而能够在电子信息技术的专业性突破上投入足够的资金，同时在技术上不断优化创新。在实际的生产生活当中，对关键技术的创新能够促进我国电子信息行业的不断进步。技术的突破是软件、电路集成和新型元件领域的中心。软件是电子信息技术的重要组成之一，其电路集成以及新的电子元件的开发是电子信息技术发展的活力，为电子信息技术的不断发展提供必要性帮助。因此，软件对电子信息技术的长期发展非常重要，要想充分提高电子信息技术的核心竞争力，就要加强对新型电子信息技术的开发和利用，将工作的重心放在对电子信息技术的电路集成、新元件和软件的开发研究上。

（二）大规模、个性化的发展趋势

我国电子信息技术的各项产品的实际生产规模逐渐扩大，一些优秀的产品走出国门，远销国外。其生产规模不断扩大，并取得了显著的经济效益，提高了经济竞争优势。电子信息技术的发展使其相应的规范性要求越来越全面，但没有足够资金注入的电子产品缺乏核心竞争力，发展潜力不足。我国国民生活水平的提高使人们更加注重对电子信息技术产品的个性化追求。这种个性化的追求趋势正是当代人们追求潮流的体现，是电子信息技术规模化和个性化的实际发展趋势。人们对于电子信息产品的需要使电子产品技术得到了快速的进步，以先进的现代化电子产品技术支持，生产出满足人们需求的电子信息产品。

（三）国际化、梯次化的发展趋势

随着电子信息技术的迅猛发展，我国电子信息技术产业的发展也呈现出国际化、梯次化的发展趋势，且具有广泛性和针对性的特点。电子信息技术在采购、生产、加工和销售中都具有鲜明的特点，国际化发展趋势日益明显。例如，一些手机、电脑等电子信息产品的采购、生产、加工和销售往往由不同国家不同地区的分公司完成。在劳动力廉价的国家开设生产部门，在技术先进的国家对产品进行加工，随后在消费额大的国家投入销售以获取最大利益。传统的西方资本主义国家采用这种方式获取廉价劳动力。当前，我国科学技术的进步使我国不断突破电子信息核心技术，积极开展与发展中国家的合作，利用印度等发展中国家的人力资源优势，加上我国先进的技术优势，开展大规模的生产。进而在不断的生产当中促进我国电子信息技术的不断成熟，进而促进我国经济的不断增长。

我国电子信息技术在研发和设计阶段不断进步，正在逐渐由"中国制造"转变为"中国智造"。但是目前我国的电子信息技术研究和发展对于国外的一些发达国家来说还有一定的差距，需要不断的努力。

（四）网络化、全球化的发展趋势

在当下的电子信息技术产业之中，一些跨国的集团发展速度较快，其具有强大的技术优势和资金优势，并且企业的核心竞争力较强。经过长期的发展，已经占据了电子信息技术的大量市场，成为电子信息技术的主导力量，在经济一体化的全球经济当中有着不可忽视的作用。此外，在经济全球化的发展背景下，其网络化的发展为电子信息技术的不断发展提出了新的挑战。信息资源的研究和利用是电子信息技术发展的关键，专业性人才对信息资源的开发和使用具有不可忽视的作用。在对传统工作进行创新和研究的过程中，一些中小型企业可以利用自身企业灵活的性质，发挥企业自身真正的价值。以知识创新和技术进步促进电子信息技术的长久发展，使以互联网为基础的发展模式成为电子信息技术长久发展的必要组成。

三、我国电子信息技术未来的优化发展方向

（一）智能化设备在电子信息技术的发展

电子信息技术从产生发展至今，其经历时间不长，但是其发展速度迅猛，且电子信息技术的发展主要是为了更进一步地满足人们的基本生活需要、提高人们的生活水平。因此，对电子信息技术的相关产品提出了向智能化和人性化发展的要求，优化了使用电子信息技术产品当中的不合理设置，从而满足独立个体的实际需求，让电子信息产品发挥出自身实际的作用。传统的经济发展中，电子信息技术只是为了满足人们的生活和工作需求。在现代化的电子信息技术的研发和推广工作当中，不仅仅要让人们感受到电子信息技术的便利性，还要注重人们对于电子信息技术的体验评价。例如，一些现代化的智能空调实现了和移动设备的远程连接，可以实现远距离的无线操作；提前设置空调自动开启和关闭的时间，用户在出门之后想起空调处于打开状态可以通过智能的移动端软件设置远距离关闭设备；用户在回家之前对空调发出运作指令，让空调提前开启；及时调整室内的温度，使用户一回家就能够享受到舒适的室内环境。

此外，智能化的交通技术也得到了电子信息技术的有力支持。在不久的将来，无人驾驶汽车的出现将大大方便人们的生活。例如，通过电子信息联网的方式可以提前播报拥堵路段。车主在驾车行驶时能够及时避开拥堵路段，避免不知情的车主行驶到拥堵路段造成更大的拥堵。通过信息联网自主选择最佳路径，还能够避免交通事故的产生。在公共交通当中，可以自动为用户规划出最佳的行使路线，为人们的生活出行提供便捷。电子信息技术的智能化发展将大大提高人们的基本生活质量，而实现电子信息技术的智能化需要多个部门的积极配合，从而真正构建信息共享环境，提高人们对生活的满意度。

（二）光电技术对电子信息技术的影响

电子信息技术在发展的过程中也遇到了一系列问题，在国家持续发展理念的倡导下，节能和环保问题是电子信息技术发展需要解决的问题。电子信息技术的运行必须以电能为动力能源，而大多数电子信息产品的环保问题和节能问题在设计和生产当中没有得到有效的解决。而随着我国社会的不断进步和人们生活水平的不断提高，国家和人民密切关注节能环保问题，并对节能和环保的电子信息产品越来越重视。对于产品本身而言，只有重视其节能和环保，才能够实现电子信息技术的可持续发展。针对电子产品的节能环保，光电技术可以很好地适用于电子信息技术的节能处理。光电检测技术、光电电子技术、光电显示技术和光电探测技术是电子信息技术发展不可或缺的部分。光电技术所使用的电能等能源较少。例如，光电领域中，LED 技术具有很好的稳定性，且节能效果较好，能够应用于电子信息技术产品中。此外，处于兴起阶段的虚拟现实技术是光电技术的代表。其可以让人们在观看视频时获得更好的观赏体验，将虚拟现实技术应用在电子信息技术产品上，势必会提高电子信息产品的科技含量。

综上所述，电子信息技术是我国经济增长的重点，也是我国国民生活当中不可或缺的技术。随着社会的发展和时代的进步，人们对于电子信息产品的要求也越来越高。电子信息技术的发展要和人们的实际需求结合起来，为人们的生产生活提供更多的便利，为各个行业发展提供帮助，为社会的发展做出贡献。

第四节　电子信息技术的应用特点

自进入 21 世纪以来，我国的经济和科技高效发展。经济逐渐由以往粗放型模式转化为集约化的经济发展模式，让知识科技成为了经济发展的重要支撑。而电子信息技术是知识和科技的融合，能够在应用过程中促进自动化和智能化的进步。近年来，电子信息技术发展迅猛，通过不同手段和与社会各个行业之间进行融合，形成了全新的行业，同时也为企业和科技进步注入了动力。也就是说，电子信息技术从方方面面影响着日常生活。不仅实现了生活水平提升，还满足了社会发展的要求。

一、电子信息技术应用特点

（一）智能化特点

电子信息技术的智能化特点主要是通过网络感知人们的思想状态，从而实现对工作和生活方式的模拟。智能化特点主要能够实现人为操作时间和工作量的节约，为工作人员营造更好的生产环境和生活氛围。同时还能够达到人与自然之间的互助，促进社会和谐。另外，电子信息技术的智能化特点在应用中节约了大量的工作时间，同时也为企业运营降低了成本，加大了设备运转的可靠性。比如说，智能手机，在满足基本通讯需求的基础之上，提供了各式各样的智能化操作和安全手段，指纹解锁、人脸识别便是智能化特点体现的重要支撑。

（二）自动化特点

随着科学技术的进步，电子信息技术的自动化特点在很多行业内应用。比如说，现代图书馆中通过对电子信息技术的应用，能够实现图书自动化管理，保障图书借阅信息的完整。通过自助收费服务降低了图书馆工作人员的工作负担，同时也防止出现图书丢失。在工业生产中，利用电子信息技术的自动化特点，能够实现设备的自动化运转，只需要投入较少的人力资源，便可满足生产需求；既实现产品生产效率提升，又降低对工作人员生命安全的影响。

（三）数字化和网络化特点

（1）数字化。数字化是电子信息技术的关键内容，而且也发挥着极其重要的作用。大部分电子产品在应用时仅能识别二进制的数位指令，而指令在经过数字化之后，能够被更多的机器设备识别，让机器生产更加快捷。

（2）网络化。不同的计算机利用互联网实现信息沟通和交流，达到应用功能上的关联。如果缺少了网络支持，计算机技术的作用则无法发挥。

因此，网络化是电子信息技术应用中非常重要的内容，也是实现电子信息技术高速发展的前提。

（四）集成化和微型化特点

在科学技术不断发展的推进下，半导体技术不断成熟。在电子信息技术中电路需要形成集成电路，而这一情况就代表着电子信息技术具备集成化的特点。而且在传感器应用过程中，新型材料和新型技术不断融合，实现了传感器体积的变化，由以往的大型化机械逐渐成为现代化的微型设备，在人们日常生活中随处可见的是毫米级传感器。在当前计算机制造中，利用纳米技术发挥电子信息技术的集成化特点，让传感器体积不断变小。另外，在科学技术不断发展的前提下，嵌入式技术也逐渐应用到电子信息工程发展中，让电子信息工程展现更好的集成化和微型化特点。

二、当前电子信息工程技术应用现存问题分析

（一）应用范围受限、发展创新力度弱

电子信息技术在我国的各个行业中广泛应用，虽然取得了一定的成果，但是却存在着较强的片面性。比如说，4G 通信技术在全国范围内实现了推广与应用，但是仍然有一部分地区信号较弱，无法发挥 4G 通信技术的应用优势。尤其在一些偏远的农村地区，受到天气变化和地形地势影响，造成了很多电子信息技术应用的阻碍。另外，在高端电子信息工程技术发展的同时，必须要确保具备较强的创新性。如果单单依靠国外供给，会让我国的工程发展受到国外技术制约。因此需要加大对创新意识的提升，促进高端电子信息工程技术的全面发展。

（二）发展缺乏足够的人才支撑

在实际的应用过程中，受到多方面因素影响，大部分电子信息工程的工作人员自身能力和素质参差不齐。在工作过程中出现了错误，如果不能够实现工作人员能力和技术的提升，不仅会影响到企业进步，还会阻碍电子信息工程的发展。通过对实际工作人员的调查发现，我国虽然具备较多的电子信息技术工作人员，这些工作人员具备的专业知识和业务能力也都非常强，但是在实际工作中，很多企业要求专业人才具备绝对的服从性，甚至没有最终的决定权。长此以往将会造成工作人员积极性的下降，而且如果工作人员仅仅完成自身的工作内容，具备的创新意识较低，将会影响到电子信息工程的工作开展，同时对其发展也存在不良影响。

三、电子信息技术的应用措施

（一）在工业信息化发展中的应用

在工业生产中，与以往传统型手工计算方式相比，电子信息技术具备着较强的计算结果精准性，而且能够降低计算应用的时间，保障了工业生产质量和效率的提升，是促进工业信息化发展的基础。在目前的工业企业生产中，大多实现了信息化生产，满足了企业发展的需求。在电子信息技术应用到工业生产中时，能够实现产品性能提升，加大设备运行的自动化与智能化。尤其在机械制造领域有着广阔的前景，让机械制造领域设备运转更加科学，同时能够达到以人为本的应用原则，推进了机械制造领域的现代化发展。再将电子信息技术应用到大型机械设备操作中时，降低了企业运营所花费的成本。既保障了生产质量和生产效率提升，又能够为企业带来更多的经济效益。

（二）农业生产领域

将电子信息技术应用到农业生产中时，通过引进可联网的监控设备，实现对农业生产机械运行的监督，确保农作物培育的优良性，同时让农作物生产有科学的浇水及施肥。通过电子信息技术应用实现农作物种植过程的简化，降低了农民的劳动强度。在电子信息技术应用时，改变了植物的种植环境。让种植环境更加优化，满足植物生长的必需条件。例如，可以通过电子信息技术实现对农作物生长中土壤的改良，让种子有更加适宜的环境。在植物生长范围内设置相应的监控系统，加大对植物生长过程的监督。工作人员可以及时进行监控内容的查看，确保农作物生长的科学性。而且通过虚拟信息诱导植物有更好的生长习性，降低动物和病虫害的影响。除此之外，电子信息技术在应用过程中还能够实现植物生长中光照、温度等生长条件的优化，让农作物产量得以提升。电子信息技术应用推进了农业生产体系的优化，实现了种植系统、灌溉系统和收成系统的智能化控制。尤其在灌溉过程中，利用智能化技术应用，保障灌溉频率和灌溉的水量更加科学；既满足植物生长所需，又节约水资源，是促进农业可持续发展的基础。

（三）在交通建设方面的应用

将电子信息工程技术应用到交通建设方面，能够以最快速度精准地计算出交通运行中出现的数据和信息，并且进行数据汇总以及数据的分析。交通系统会结合车辆运行状态，保障居民的出行安全，同时避免交通的拥堵状况。利用电子信息工程技术能够实现交通工程的完善与优化，尤其在进行交通网络规划时，既能够满足城市规划需求，又能促进城市发展。以虚拟技术实现对城市交通网络状况的模拟，积极分析交通网络的运行状况，加大对问题的分析与解决，促进交通网络运行的通畅性，加大各类资源的调配力度，实现交通网络运行能力的提升。

（四）在城市规划上的应用

在城市规划中，应用电子信息技术能够满足城市规划的科学性。城市规划属于城市建设的重要内容，也是实现城市经济进步的基础。通过电子信息技术应用能够让城市规划管理更加规范，促进城市运行效率的提升。在电子信息工程应用时，需要实现城市规划理论与电子信息技术的融合，引进更多的先进管理理念以及管理方法，解决城市规划中出现的难题，让城市发展实现人文与自然的融合。在电子信息技术融入之后，能够实现规划效率提升，促进城市的智能化发展。城市居民也可以在论坛上进行城市发展看法的发表，让城市居民融入到城市规划中，强化其参与感。除此之外，在电子信息技术应用时，还可以满足城市规划的节能环保，做到城市发展的以人为本观念，让城市发展更具整体性。

（五）应用于人们的日常生活

近年来，5G技术不断发展，相比于以往的通信技术而言，5G技术的网速更快，数据传输效率也更高。尤其在我国电商逐渐兴起，改变了人们的购物方式，只需要坐在家里便可实现对商品的浏览与购买，节约了更多的时间。同时人们的支付方式也出现了变化，现阶段现金交易少之又少，更多的是通过扫码支付或者电子转账。在居民网上进行商品采购之后，则需要进入到物流环节。在物流过程中也可以实现对电子信息工程技术的应用，让物流企业管理更加科学，同时能够实现企业效益的提升。除此之外，在我们日常生活中，智能家电随处可见。比如说，智能电饭煲，只需提前加水加米，并设定好时间，智能电饭煲便能够在规定时间自动打开开关煮饭，而且在饭煮熟之后可以自动进入到保温环节。目前大多数家电实现了网络连接，利用智能手机便可以实现对家电的控制。比如说、洗衣机、热水器、空调等等，这些都为我们日常生活带来了便利性。

四、案例分析

BIM技术萌芽于1973年，因受到全球石油危机的影响，BIM技术萌芽；后于1975年Easrman教授创建了BIM理念；再至2002年由Autodesk副总裁提出了信息化模型的设计理念，BuildingInformationModeling(BIM)一词正式诞生。具体来说，BIM技术是基于电子信息技术的基础上，将项目通过信息化的数据加以表现的一种新的项目管理方法。将其应用到实际的项目管理中，可以对整个项目进行数据模拟，并利用三维数字技术以可视化的方式呈现出来。使相关人员可以直观地看到工程动态，从而发现项目管理中存在的漏洞，并及时改善。

以某项目管理为例，该项目管理过程中专业多、协调难度大、交叉作业多、要求以非常快的速度完成任务，才能保障按时交付，造成了项目管理的质量问题，带来了很大挑战。在开工前，组织各专业建立BIM模型。BIM模型建立完成后，通过BIM软件的碰撞检测功能，进行专业内部和专业之间的碰撞检查，发现项目管理中的问题，最后对管理方法进行优化。

总而言之，电子信息技术推进了社会经济和科技的进步，让人们生活水平提升，而这一技术也将成为时代发展的重要方向。电子信息技术应用之后，实现了更多高科技的融合，促进了网络技术的深化发展。在电子信息技术应用过程中，我们需要引起对该技术的高度关注，促进研发和应用力度提升。另外电子信息技术改变了以往传统型信息处理方法，让电子信息产品更加高效，满足了以人为本的应用要求。而电子信息技术在未来发展中应用范围会逐渐拓宽，满足产品生产质量和效率的要求。

第五节　电子信息技术的创新措施

随着社会经济和科学技术的发展，电子信息技术得到了很大程度的发展，并且在许多领域中得到了广泛的应用，对我国社会和经济的发展起到了一定的推动作用。目前，全球的一体化发展已成为一种趋势。随着这种趋势的不断增强，电子信息技术也就成为推动社会进步和经济腾飞的一个重要抓手，能够为社会带来巨大的福祉和便利。在社会不断发展的进程中，电子信息技术作为一项重要的科学成果同样存在着一些不足。本节通过分析我国电子信息技术发展的现状以及未来发展趋势提出一些创新的措施。

在我们日常生活中有许多的电子产品都是依托电子信息技术完成的，由此看来电子信息技术在我们生活中覆盖面是相当大的。在电子信息技术领域我国目前已经获得了较高的成就，对于推动技术革新和促进经济发展具有举足轻重的作用。由于电子信息技术是由西方国家传入，相对于我国传统产业而言还没有得到繁荣发展。所以，发展该技术对于国家的发展和强大尤为重要。发现电子信息技术在发展过程中的弊端并且加以创新，这样为我国的电子信息技术的发展打下坚实的基础。

一、在发展过程中电子信息技术显露出的弊端

（一）电子信息技术在我国发展较晚

就我国而言，由于经济的发展和科学技术的制约，电子信息技术比其他西方国家相对起步较晚，以至于在市场上只占有了较小的一部分份额。新事物的产生会让旧事物对新事物产生扼杀的情况，电子信息技术也一样。人们对于新兴的电子信息技术的发展反应存在滞后的现象，人们对于新事物的不接受同样会阻碍信息技术的发展，也是众多企业不能摆脱连年亏损的重要原因。科学技术的不断发展，信息时代的到来会对激烈的市场竞争带来变革的红利。科学技术的强大对国家、集体和个人来说是具有很大的决定作用的，这些处于竞争的有利地位就会获得发展，否则就会被市场淘汰。

（二）市场环境的恶化

信息技术的发展，给我们的社会和生活带来极大的改变，人们可以利用信息技术在各

个领域发展，产生了较好的经济利益和社会效益。目前，在我国的许多行业中已经认识到信息技术的重要性。在经济政策和市场机制的有利作用下，市场竞争也越来越激烈。有一些企业为了可以在激烈的市场竞争中获得更多的市场份额和利润，就会使用一些恶意竞争的措施，来扰乱电子信息技术的发展。如一些不良企业会对电子信息技术进行非法倒卖，以次充好的现象时有发生。并且这些劣质的产品在质量和安全上均得不到有效的保障，并且会让不法商家获取高额的利润。

（三）电子信息技术的研发缓慢

我国电子信息技术发展起步较晚，只有短短的三十多年，在很多方面还存在不足。其中最大的特点就是发展的过于分散，没有形成相应的发展规模，所以电子信息技术研发投入力度可能就会存在滞后的现象，缺少资金的投入力度，就会导致研发技术水平停滞于现有水平，很难得到提高。再有，我国电子信息技术的理论研究高于具体实践，就是我们已经知道电子信息技术的工作原理等一些理论知识，如果让这些知识转化为实际的成果，那么它的转化效率是相对低下的。

二、电子信息技术的创新发展

（一）技术创新依托市场需求

对市场需求的了解是进行技术创新不可或缺的前提。创新电子信息技术要以市场需求为导向，并且要吸纳专业人员作为技术创新的主体。所以要抓住根本，将技术创新与市场需求有机结合起来，在确立技术创新项目时就综合考量市场需求情况。

电子信息技术创新能力的提高，需要市场需求的刺激。没有适用人群对技术创新的市场需求，就无法刺激消费，也就无法将电子信息技术与市场需求有机结合，以达到产品得到充分消费的目的。因此在进行电子信息技术创新时，市场需求的预估和调查是不可或缺的。做好市场需求的调查，信息技术创新也相当于找到了发展前景，同时市场需求也在加速信息技术创新的发展。将市场需求与信息技术创新结合，机动灵活，互相推动。市场需求是信息技术创新的内驱力，信息技术创新又不断刺激新的市场需求出现，由此带动信息技术创新不断发展。

（二）以技术创新开拓市场

电子信息产品若想取得成就，便离不开创新的支撑，否则就可能落入窠臼，无法长久生存。所以在发现市场。开拓市场的同时，电子信息产品研发机构也要注重以技术创新来留住市场，并且继续激发市场消费。当今社会信息化高度发达，科技发展迅猛，消费者对电子信息产品的需求也越来越多，对产品创新功能期望值也越来越大。所以这时对电子信息产品进行技术创新，便会满足广大消费者的需求，形成新的消费市场。电子信息技术创新能力的不断提高也有助于形成多样化的市场来引导消费。若是核心技术有专业性的突破，会使新产品问世，甚至使经济模式发生前所未有的变革，形成更大的市场。电子信息技术创新能力的提高会使更广阔的市场被开辟出来，同时在进行电子信息技术创新时也要调查市场需求情况。所以，以市场需求为导向是电子信息技术创新不能忽略的前提，要以用户人群的需求为方向，找准定位，创新过程时刻联系市场需求。

（三）加强对技术的改进

电子信息技术在很多领域都有应用，但是人们的认可程度还没有达到相应的预期。主要的原因就是电子信息技术产品的质量和服务达不到现实的要求。为了使这一现状得到最大程度的改变，电子信息技术企业要从中吸取教训，在这两个方面加以改进，通过不断的优化和完善，以求获得市场和消费者的认可。同时要对技术进行较快的更新换代，以跟上科学技术和社会发展的脚步。

随着我国对科学技术的不断重视，电子信息技术的发展也迎来了发展的辉煌时刻，科技强国作为我国发展科技的目标，电子信息技术对于改变生活和发展经济，渗透到我们生活的各个方面。电子信息技术作为科技发展中的重要组成部分，为各行各业的发展起到了实质性的变化，对于提高企业的生产效率和改善经济发展结构都起到重要的作用。通过对电子信息技术的创新型发展，为我们用更多的方式促进社会和生活方式的更好的改变。

第五章 电子通讯技术概述

第一节 电子通讯产品结构设计

随着社会的全面高速发展，信息技术得到广泛的推广。电子产品充斥着人们的生活，人们对于电子设备的需求越来越大，同时对其性能和质量都表现出高要求和高标准。因此，电子通讯设备的设计和开发是现阶段一项重点任务。一个好的设计，少不了坚实的理论知识作为支撑。因此在设计的过程中不仅需要注重经验的积累，更要注意理论知识的实际应用。现阶段在满足人们审美的同时又能满足人们对功能等方面的需求的这种产品才有市场竞争力，只有高性价比高性能的产品才能得到大众的认可。

一、电子通讯设备的开发原则

（一）电子通讯设备的基本结构设计原则

电子产品的常见结构大多为箱式结构，例如：机柜式结构、便携式结构等等。现阶段人们对于通讯设备的要求不仅仅在于性能方面，对于外观设计等细节方面也非常重视。因此在设计过程中，需要在遵循基本便携容易携带的原则的基础上，给用户良好的视觉体验。只有这样才能极大地展示通讯设备的特点和作用。

电子通讯设备的结构设计要求：

电子产品的结构方面的设计必须遵守电子通讯设备设计的计划书，进而参照用户需求材料，结合多方面的影响因素，设计这一设备。在设计过程中，设计者应该提前对于使用者的切实需求进行了解，对设备的功能进行详细的计划，进而使用先进高效的生产方式，对于产品的性能结构，使用年限等方面进行设计。在实际生产过程中，设计者应该结合现阶段时代特征，在保证性能的同时，带给用户好的视觉体验。设计中必须使产品符合国家标准，切忌越规。

（二）电子通讯产品结构设计的基本原则

（1）坚持以用户体验为首的原则。企业生产的产品最终是通过市场流向用户的，因此设计过程中不仅需要考虑市场的特点，更要重视用户的体验。设计者在设计之初必须充分了解市场，了解使用者的真实诉求，从使用者的角度出发设计产品。只有这样才能得到大众的认可，才可以成为具有竞争力的产品。

（2）可操作性原则。设计者从用户的角度出发的同时，仍旧需要结合现阶段企业的实际状况，以及现阶段技术的发展情况，从多方面分析问题设计产品。此外，实际生产的成本也是必须仔细计算的一个重要数据。如果不考虑生产成本，过多的成本，进而使得产品出售的价格大幅度提升，这对于真正的市场销售十分不利。因此，设计中需要考虑设计方案的可操作性。

（3）性能稳定原则。电子通讯设备因其使用的特点，对于产品的稳定性要求极高。这也是大多数使用者选择产品时的一个重要参考方面。电子通讯设备的性能的稳定性主要表现为：产品生产中的规范性、产品的散热等特点。

二、产品结构设计的基本过程

（一）结构需求分析

首先从产品的总体需求量以及设计的计划考虑，需要将产品设计用户的需求提取出来，这是设计、生产等的重要根据。其中重点包含产品的用途、实际生产的环境要求、材料性能要求、安装检测要求等方面。

（二）结构概要设计

对于电子通讯产品的结构概要的设计，不仅需要注重整机结构参数设计，还要进行环境结构说明以及相关重要指标的设计，而且其中还包括用户接口及板间连接器说明。结构概要的设计需要对电子通讯产品的结构组成、组成材料以及表面处理方式、外形尺寸等进行说明和设计。对于电子通讯产品而言，其采用的散热方式以及电磁兼容方式等也要有具体的说明。

（三）结构详细设计

在完成结构概要设计方案之后，还要进行详细的结构设计。对电子通讯产品结构设计过程中，进行详细结构设计，要依次完成产品图纸设计、明确技术要求、列出详细的零件清单，制定详细的加工技术要求。在此基础上，还要根据产品结构设计的准则，进行检测、对比和修改。保证最后的详细设计能够符合概要设计的要求，使其无论从设计本身还是材料、工艺等方面都能够保证最后的电子通讯产品结构设计。

（四）结构设计验证

在电子通讯产品结构详细设计完成之后，需要对结构设计进行验证，按照结构详细设计依次进行样机加工、初装以及后期的修改。通过不断的验证，最终实现电子通讯产品的功能需求。此外，还需要按照工艺要求完成性能、环境试验以及 EMC 等各项测试。然后对需要开模加工的零件，进行模具设计和制作。通过不断加工和修改，最终完成模具的试装和修模，最终符合产品的要求。

（五）结构设计定型

在电子通讯产品结构设计验证完成之后，还要进行钣金件、塑胶件、机加工件等各个部件的验证和定型，最后要根据企业 ERP 系统要求进行操作和定型。依照最终确定的合格电子通讯产品结构图纸，完成资料的统计和整理。对最终合格的进行存储，留作后期使用和参考。

三、结构设计过程中关键问题

随着电子产品市场的发展和电子产品的多样化，不仅有传统的盒式电子产品，还有箱式以及柜式结构。在零件种类上也有塑胶、硅胶件等多种材质的零件，而且还出现了钣金件等多种材质的零件。所以，在电子通讯产品的结构设计中还要充分考虑各种因素的影响。

（一）电磁兼容性设计

电子通讯产品结构设计的重要一环是电磁兼容性的设计。对于电子通讯产品的电磁兼容性设计需要考量产品的抗电磁干扰屏蔽墙，检测电路模块本身的抗干扰能力和外壳之间连续导电状态是否良好。

因为电子通讯产品的电磁辐射等问题的出现，主要是出现在外壳连接缝、传输电线和面板的开孔上。所以在电子通讯产品机构设计过程中，可以采用镀锌的方式进行处理。并且在连接缝的地方还要进行喷漆，保证每个零件之间的连接点距离应保持在 40-100mm，在零件的面板上开孔要尽量采用小孔的形式。

（二）产品结构的热设计

在电子产品结构设计中，还要考虑电子通讯产品的热设计问题，尤其是在使用过程中的散热问题。这主要是在电子通讯产品的使用过程中，产品内部的零件的热电阻普遍较大，所以在使用过程当中会产生大量的热量。而且电子通讯设备的密封性相对严密，所以使用过程中会积累大量的热，使得通讯产品的机壳热辐射的效率变低。最终导致通讯产品使用过程中机身的温度不断提高，内部零件会出现损坏。

所以，在设计的过程中应该进行热阻降低的考量和设计，通过结构设计提高产品的散热能力。在材质的选择中，就应该选择导热能力比较好的材料，像铝合金等材料提高产品机壳的散热能力。并且，设计中还要增加外壳的通风孔道，将发热量较大的零件排布在通风道上。

1. 选择导热系数较大的材料

在产品结构中，导热系数较大的材料可以降低相对于触点的热阻，并通过增加导热表面来增加产品本身的导热。不断研究表明，铝合金的导热系数较大，因此铝合金材料是更适合电子产品散热的材料之一。

2. 加强机壳进风、通风以及出风通道的设计

为了更好地改进电子产品的设计，进气口、排气口和排气口的设计是必不可少的一部分。加强进风口、通风风口和出风口的设计，可不断提高热对流的流畅度，并能有效降低电子产品使用过程中人体的温度。在设计过程中，我们可以结合产品的特点，选择温差较大的地方，合理设置散热孔，设置加热部件的位置，使其尽可能地处于内部风道的最佳位置。

此外，对于发热量较大的电子产品设计过程，一方面可以通过增加风扇进行散热；另一方面，也可以通过增加散热零件来提高产品的热量散失能力。

3. 利用金属外壳本身散热性的特点

在电子产品结构设计中，在产品造型设计中采用铝合金型材散热器和金属外壳是解决散热问题的一种比较直接的方法。电子产品采用铝合金型材散热器和金属外壳，可直接通过产品外壳散热，减少产品使用过程中产生的部分热量。同时，提高了产品壳体的散热效率。因此，产品外壳的面积越大，其自身的散热效果就越好。

总而言之，电子通信产品的结构设计要保证产品的实用性、可靠性和经济性。坚持以用户为中心，以优秀的技术为基础。科学的设计可以提高产品的电磁兼容性和散热能力，为用户提供舒适耐用的通信产品。

第二节　电子通讯设备的接地问题

随着国家经济技术的不断发展，对于电子通讯设备的重视程度逐渐提升。人们对于电子通讯设备的使用频率逐渐提升，使得人们对于电子通讯设备的依赖性越来越高。电子通讯设备作为电子设备的一种，是需要进行一定程度维护和控制的，不然就会容易出现各种问题。通过对接地系统的全面分析和认识，对接地系统进行了统一的分析论述，对接地的原理、原因以及系统的种类等问题从多个方面进行了全面的阐述。并针对电子通讯设备的EMC设计准则，对其中产生的多种设计问题进行了全面的分析，并针对这些问题提出了相应的解决办法。

一、接地系统的功能

从系统设备和系统的器件以及单元的角度来说，只有其中的各单元部件之间不存在影响其他设备器件以及系统的辐射和相应的电磁环境的时候，才能是满足了所谓的EMC设计要求。

从设计的理想角度来说，电子通信设备系统满足EMC设计要求是十分有必要的。

所以一般的电子通信设备系统要么从电磁环境的角度入手，降低其本身对器件的影响。要么从整个系统的角度入手，尽可能地满足系统本身的多种功效以此提升系统的综合性。从目前我国的制造商和设计者的角度分析得知，两者均具有相对独立的技术。所以在进行设计的时候，需要进行综合性的控制，确保不会出现 EMI 问题。

对于电子通信设备来说，虽然从整个系统的角度来说可以实现 EMC 标准的控制，而且对其中的各种问题，都能够不断地分析和改正，最终实现各系统部件之间的相对 EMC 控制。但从实际情况分析得知，由于系统中的部件之间比较容易受到电缆线和网络连接线的相对电磁影响，所以必须要保证电子设备的持续接地。

设计者在进行相应的系统设计的时候，要确保电流在电子通信设备中保持流动，而且不能够因为各种原因或者问题出现电流消失的问题。在对电流进行分流的时候，一般都是将其分流至地面。在进行系统设计的时候，需要将低阻抗考虑在内，并确保其本身的可靠性。

二、电子通信设备接地的原理

将接地系统运用在电子通信设备中，是确保其能够在任何时候都可以利用低阻抗的方法，实现对整个系统能量的控制。并将多余的能量排入地面中，实现对公差的控制，并保持系统本身处于同一电位。

三、接地原因

进行设备接地的原因主要是为了防止出现危害人们安全的问题。利用设备接地，实现对人员安全性的不断提升。在使用接地系统的时候，一般使用的就是低阻抗接地系统，降低通信以及电子系统的噪音，实现对瞬态电压的保护。进而降低雷电以及线路对设备的影响，降低工作时的对地电压，进而实现接地的作用。

从整体上来说，之所以让系统本身接地，主要是实现对故障电流的控制，并降低其电流对开关以及各部件之间的影响，进而确保电子通信设备的正常运行。另外主要就是为了提高整个设备系统的安全性，确保人身误触机壳时不会受到电击。从整体上来说，进行电子设备的接地，还能够降低设备中的静电荷的积累量，并降低机架以及机壳上的射频电压，并提高射频电流的均匀性，实现导体的稳定性，提升电路的对地电位能力。

四、不同的接地系统

根据电子通信设备不同接地方式分析得知，一般的接地系统主要有交直流配电接地系统、屏蔽设备接地、射频接地、参考地、雷电地等。

在进行接地系统设计的时候，为了满足多个方面的要求，设计者在进行设计的时候，一般会忽略其中的一些问题。

一般比较容易忽略的就是电击问题。在进行设计的时候，只有出现电击问题的时候，才会设置高级的浪涌保护装置，确保不会出现此类的问题。

从综合性的设计者角度分析得知，设计者为了满足多方面的要求，需要根据电源系统的参考电压进行分析，并保证使用者不能被电击所伤害。在设备出现错误的时候，需要将错误出现前的情况进行分析，并利用低阻抗通路和避免地环路来减小电噪声，以此减少电击对整个系统的影响。

从多个电路角度分析得知，所有的电路都具有接地点。而且接地点对于通信系统来说，具有十分重要的作用。利用 EMC 设计要求，可以最终实现接地系统的完整性。

噪声控制。通过减少 EMI 中的声源发生率，可以降低耦合路径和相应影响电路所产的噪音。而且在进行设计的时候，一般都是需要对这些问题进行分析。然后通过改变不同元件之间的切合度，适当地降低相应元件之间的影响，进而降低噪音的发生率。电子通信设备本身就具有通信系统的复杂性，而且从一定程度上来说，随着现代通信系统的不断升级，其本身的电子元件逐渐增多，导致通信设备的噪音率逐渐提高。尤其是在出现系统外部噪音的时候，一般很难解决。所以设计者一般都不会完全按照图纸进行设计，主要是在设计的时候通过寻找相应的折中办法，实现对不同电路系统噪音的控制。

地电位。从电路的角度分析得知，对于每个电路来说，其本身就只有一个参考地。这主要是由于两个不同的电路产生不同的电位，如果选择两个参考地就会出现两个不同的地电位，必然导致出现噪音。而且从电路本身进行考虑，如果出现了两个不同的参考地，必然也会导致电路本身出现相应的参考误差。但通过对两个电路和组成电路的系统进行分析，最终得出每个电路只需要一个地电位，成为电路中的唯一物理接地参考源。

电磁场。一般情况下在电路进行低频使用的时候，电路可以将其中的一些复杂电子元件进行一定程度的忽略，并将其看作等效的电网络。一般在这样等效的电网络中，可以利用简单计算实现对不同电路不同点的计算。在电路的尺寸和波长比较小的时候，电路的辐射是不可以被忽略的。一般情况来说，比较简单的导线是可以看作可变电阻和电容的，而且其本身的可变性会影响整个系统的功能，导致导线的尺寸和承载的频率受到影响。电路中拥有电流，进而会产生相应的磁场。电压也会导致出相应的电磁场，所以这些出现的电磁场和电压必然会导致各元件之间的相互影响。

共模电流。在对电路中的不同元件进行分析的时候，一般需要将电路的不同导体进行不同程度的电流流向分析。在进行电流流向分析的时候，需要利用差模涉及相应的信号，并利用电流实现对不同导体的源流控制，并利用另外的一个导体实现电流的回流。在共模的条件中，人们在进行研究和设计的时候，所设计的条件是没有信号的，也就是在导体中没有相应的电流。但在真实的情况下，这种条件是不存在的。信号源和负载一般需要直接连接在地上，以此保证两个接地点质检的共模电流源的电位之间存在差异。在进行共模电路电流材料控制的时候，需要确保此环路直接连接到地面上，而且需要通过不同的寄生电容实现电路一端的连接到地。共模电流会导致出现很多不同的问题，想要真正地解决这些问题，必须要针对不同电路的不同特点进行相应的分析和研究。

五、雷电保护

在对电子通信设备进行使用的过程中，电击是被公认为最具有破坏性的。通信系统本身就是服务于广大人民的，所以电子通信系统在很多比较偏远的乡村也具有比较广泛的普及。但由于受到自然环境的不断影响，如果出现电击的情况，就会直接导致电子通信设备的电流过载，进而导致相应的设备出现较为严重的破坏。雷电本身就是比较纯粹的高电压，对于电路有较为严重的伤害和影响，通过分析得知雷电保护并不包含在 EMC 领域中。一般为了全面提高雷电保护的效果，会将电缆埋入地下，并以此代替架设在高空中的电缆，有的地点还会使用相应的屏蔽和浪涌保护装置。

六、通信中的干扰"故障点"

对于电子通信系统来说，其中的干扰故障点主要有电缆线路、地电极、浪涌保护器件等。在现在的电子通信系统中，一般是利用比较先进的 SPD 选择方式对电缆线路进行控制和选择，并通过对电路中多元件之间的协调控制，实现电路本身的多元件之间的统一管理和控制。对于其中容易出现的问题，一般都会设置相应的保护器件，实现对电路的统一管理和控制。

现代电子通信可以看作是社会和国家发展的根本。对于电子通信系统来说，良好的接地效果是满足 EMC 要求的关键。

对于给定的比较复杂的现代通信系统来说，其本身所涉及的设备范围比较广，所以利用比较简单的技术方法是不能实现比较可靠的保护的。

对于电子通信系统本身来说，需要考虑其中的多种敏感点，并将与系统相关的可变参数进行全面的统一控制和管理。

第三节 电子通讯行业的技术创新

随着新时代的到来，电子通讯行业得到了快速发展，其技术在多个领域中得到了广泛应用，所以电子通讯技术的创新与产业化发展受到了人们的广泛关注。本节对电子通讯行业技术创新与产业化的意义进行阐述，并对其中存在的相应问题进行分析，然后对相关的解决策略进行探讨，以有效促进电子通讯行业的健康、良好发展。

电子通讯行业属于技术密集型产业，技术创新对其发展状况有着关键的决定作用，只有对技术进行有效创新，才能够使产业得到有效发展。而怎样对技术进行有效创新已经成为电子通讯行业重点关注的问题。为了适应时代潮流，在国际市场中拥有相应地位，使自身的综合实力得到不断提升，电子通信行业就需要对技术进行创新，实现良好的产业化发展。

一、技术创新与产业化的意义

随着新时代的快速发展，电子通讯技术得到了快速发展，而电子通讯行业的技术创新不仅可以有效提升人们的生产、生活质量，促进创新思维的有效生成，还可以提升通讯行业的服务水平，提高消费者的满意度。同时电子通讯行业的技术创新与产业化发展会对人们的日常生活与工作带来重大改变，人们能够突破空间与时间的限制，开展远程的互动交流，使人与人之间交流更加频繁，关系更加亲近，并且还可以对各种资源进行充分利用，降低能源消耗，实现对资源的有效共享，进而增强电子通讯的运用效率。此外，电子通讯技术创新还可以为社会发展以及军事发展等方面创造有利条件，促进我国综合国力的提升。目前我国电子通讯技术在创新方面得到了良好成效，但是在实际发展过程中还存在相应问题，所以在电子通讯行业的技术创新与产业化过程中，需要利用合理措施解决相应问题，以促进创新思维的有效生成，确保电子通讯行业的良好发展。

二、问题分析

电子通讯行业的技术发展对我国社会发展有着十分重要的作用，但是目前我国电子通讯行业在技术创新方面还存在着相应问题。第一，区域发展参差不齐，整体的创新能力不足。虽然我国电子通讯技术行业已经成为促进我国经济发展的支柱产业，并且具备一定的国际竞争力，部分企业的高技术产品开始与世界接轨，但是大部分产业还是停留在模仿状态，得不到有效发展，致使我国整体的创新能力严重不足。同时由于区域发展的不平衡以及强烈差异，也对电子通讯行业的技术创新与产业化发展造成了严重影响；第二，我国缺乏专业的技术创新人才，致使技术研发、软件开发面缺乏较强实力，这已经成为我国电子通讯行业发展中的薄弱环节。同时虽然我国对电子通讯行业的技术创新与产业化发展越来越重视，并且在研发领域的资金投入不断提升，但是目前的发展速度依然无法与国际市场进行良好接轨。而研发资金投入的不足严重影响着技术的有效创新，降低了新技术研发的成功几率，严重影响着我国电子通讯行业的技术创新与产业化发展；第三，与发达国家相比而言，我国电子通讯技术以及相关的硬件设备都较为落后，由于基础差、起步晚，对核心技术的掌握程度低，从而导致我国电子通讯技术得不到良好发展，行业的综合实力得不到有效提升，十分不利于电子通讯行业的可持续发展；第四，整个电子通讯行业缺乏较强的产业链竞争力，严重阻碍了电子通讯技术的有效创新与产业化发展。

三、解决策略

政府支持。由我国国情来看，不论任何产业与技术的发展都离不开政府的有力支持，所以政府支持对电子通讯行业的发展而言有着十分重要的作用。政府支持主要包括：第一，政策支持；第二，资金支持。因此，对电子通讯行业关键的技术创新而言，需要政府给予充足的资金支持，并制定良好的支持政策。这样不仅可以对相关部门进行良好协调，以更好地开展研发工作。还可以对政府的引导、协调、监督作用进行充分发挥，使电子通讯行业的技术创新与产业化发展得到确切保障。

保护知识产权。在电子通讯行业发展过程中，想促进相关技术的有效创新就需要对技术的知识产权进行保护，从而为电子通讯行业的技术创新与产业化发展提供确切保障。对知识产权的保护对策进行有效落实，不仅可以确保对电子通讯技术的良好应用，还可以在应用过程中对其进行有效创新与提升，以促进电子通讯行业的良好发展。

构建良好的合作关系。电子通讯行业的良好发展是由多个部门联合协作共同促进的，所以相关单位需要构建良好的合作关系。目前我国电子通讯行业具备很快的发展速度，却更加突出了其研发成果转化慢的问题，十分不利于行业整体、全面的发展，并且使技术创新很难得到有效突破。因此，在电子通讯行业的技术创新与产业化发展过程中，应注重各个部门的良好合作，对理论知识进行有效转化，以促进电子通讯行业的健康持续发展。

注重对核心技术的有效创新。技术创新是促进电子通讯行业良好发展的动力，创新元素是促进行业发展的重要推动力。所以需要在做好基础性技术工作的同时，对创新性工作进行有效扶持。技术创新一方面指的是在设备基础上的创新，另一方面指的是在软件开发基础上的创新。这是促进电子通讯行业有效发展的两大基柱，对增强企业的综合实力、市场竞争力、创新性等方面有着十分重要的作用。

构建统一的技术标准。在行业发展过程中，其自身具备的技术标准对其发展程度有着决定性作用。所以需要在电子通讯行业中有效构建统一的技术标准，这样可以使行业发展更具规范性，使生产、研发工作更加顺利地进行。此时就需要对政府的带动作用进行充分发挥，对相关的企业、机构、运营商等进行组织，以对相应的行业标准进行统一制定。同时为了能够避免对成本投入的浪费，可以以实际情况为基础，对已经制定的标准进行有效优化，从而更好地促进电子通讯行业的技术创新与产业化发展。

制定合理的优才计划。就我国目前的发展状况而言，各行各业都缺乏对核心技术人才的有效储备。所以在电子通讯行业发展过程中，相关企业、部门需要对相应的优才计划进行有效制定，以对高素质的专业技术人才进行吸引。而对于企业内部现有的工作人员，也需要制定具备高效性、针对性的培养计划。以对其进行有效引导，使企业内部工作人员能够自主地进行学习，不断提升自身能力，从而得到有效的自我完善。这样就可以为电子通讯行业的健康发展构建一个具备较强灵活性、流动性的循环体系，使行业整体的专业技术水平得到显著提升，从而更好地促进电子通讯行业技术创新与产业化发展的顺利开展。

随着我国电子通讯行业的快速发展，其中所存在的问题也越来越突出，并对行业的健康、持续发展造成了严重阻碍。所以在电子通讯行业发展过程中，需要对政府部门的大力支持进行有效获取，而行业内部需要进行更为密切的联系；对科学、完善、有效的行业标准进行统一制定，对企业内部的相关制度进行有效制定，以吸引、留住高素质的专业技术人才，从而对核心技术进行有效创新与突破，以促进电子通讯行业技术创新与产业化发展的顺利进行，使我国电子通讯行业得到真正的快速发展。

第四节　电子通讯设备的可靠性研究

近几年来，随着我国科学技术水平的不断提升，电子通讯设备更新速率逐渐加快，有关电子通讯设备可靠性的问题得到了各个领域的高度重视。文章首先对通讯设备的基本含义进行概述，从环境因素、自身因素、技术因素、设计因素等多个方面入手，对影响电子通讯设备可靠性的因素进行解析。并结合电子通讯设备可靠性的标准，提出提升电子通讯设备可靠性的优化对策。

针对电子通讯设备来说，可靠性是非常必要的。通过对电子通讯设备可靠性探究得知，影响电子通讯设备可靠性的因素种类繁多，我们需要给予电子通讯设备可靠性给电子通讯领域带来的影响充分重视。在确保其应用安全平稳的同时，还能推动我国通讯事业的稳定发展。下面，本节将进一步对影响电子通讯设备可靠性的因素及对策进行阐述和分析。

一、通讯设备的基本概述

通讯设备应简称为ICD，全称Industrial Communication Device。主要应用在工控环境中的有线通讯或者无线通讯设备。其中，有线通讯设备自身功能在于可以将工业领域中的串口通讯问题进行处理，包含在专业总线型通讯范畴内。在工业领域中，往往采用以太网通讯或者各项通讯设施实现信息转换。其中包含了路由器、交换器、modem等。而无线通讯设备主要分为军事通讯与民事通讯两种类型，当前我国大规模通讯运营商主要有三家，第一个是移动通讯；第二个是联通通讯；第三个是电信通讯。

现阶段，我国广泛应用的通讯设备主要以有线通讯设备为主，这是因为其具备抗干扰能力强、稳定性大、传递效率高以及宽带无限大等优势，但是，有线通讯受到环境因素影响比较高，扩展性水平不强，施工难度比较高，施工成本投入较大。

二、电子通讯设备可靠性的标准

可靠度。所谓的电子通讯设备可靠度主要指电子通讯设备在约限时间内或者某种环境下，实现的规定功能概率情况。可靠度主要是对产品稳定性情况进行评估的核心标准，往往可靠性和可靠度之间有着一定关联性．当可靠度越大时，可靠性也就越强。

失效率。针对电子通讯设备来说，失效率主要指电子通讯设备在应用一定时间之后，正常工作电子设备的数量以及失效情况之间的占比数值。和可靠度进行比较，存在较大差异。失效率和可靠性之间呈现出反比状态。要想提升电子设备的可靠性，就要减少失效率的出现。

故障率。电子通讯设备中的故障率主要指在电子通讯设备应用过程中，既定时间之内以及特定环境下，丧失规定功能的几率。

产品的故障率同。和失效率存在一定相似之处，和可靠性呈现对立状况。当故障率比较大时，可靠性也就相对减少。故障率则是在产品生产和研发环节中，应该充分注重的核心要素。如果故障率比较大，不但会影响产品可靠性，同时还会给产品整体形象带来影响。因此，相关部门应该给予高度注重，将产品故障率把控在适当范畴内。

平均寿命。电子通讯设备的平均寿命主要指电气通讯设备在出现问题之前的平均应用周期。电子通讯设备平均寿命越长时，则预示着其可靠性越大。因此，要想确保产品整体可靠性，就要提升生产水平，延长电子通讯设备应用期限。

平均修复度。电子通讯设备修复值主要指在电子通讯设备出现问题时，在处理问题过程中消耗的时间。电子通讯设备平均修复度和可靠性呈现出正比关系，当平均修复时间比较短时，平均修复率也就越大，可靠性也就相对较高。

三、影响电子通讯设备可靠性的因素

环境因素。繁琐多变的外部环境将会给电子通讯设备可靠性带来直接影响。由于环境包含在生产环节中不可控因素范畴内。当温度升高或者降低，或者空气湿度改变时，都会给电子通讯设备的可靠性带来直接影响。此外，在自然天气状况下，电磁干扰环境或者机械化环境，也会给电子通讯设备可靠性造成不利影响。由于环境自身存在繁琐性和多样化等特性，在生产环节中，应该给予高度注重，一旦造成环境因素影响，必将会引发电子通讯设备可靠性问题。

自身因素。自身因素也就是零部件质量问题。一旦出现质量问题，必将影响电子通讯设备可靠性。通常情况下，当零部件质量不满足相关标准时，电子通讯设备可靠性将会逐渐减少；当零部件质量满足相关标准时，电子通讯设备可靠性将会提升。针对电子通讯设备而言，因为其由注重零部件构建而成，尤其是元器件，作为核心构件，给电子通讯设备可靠性带来的影响相对较大。当元器件质量无法得到保障时，将不能对电子通讯设备运行情况进行科学把控，导致电子通讯设备可靠性不断减少。由此可见，要想提升电子通讯设备可靠性，除了要确保产品可靠性之外，还要保证零部件质量。在进行产品生产时，确保零部件质量和产品质量才是核心任务。

技术因素。与国际水平进行比较，我国电子通讯设备不管是在生产技术方面，还是在生产标准方面，都与其存在一定差异，这就导致我国整体行业生产水平相对不高。而这些现象的出现，必将会影响电子通讯设备可靠性。在进行产品生产时，生产技术和生产标准极为必要。技术作为产品生产的基本依据，标准则可以给产品生产工作开展提供引导。我们应该明确电子通讯设备中生产技术混合生产标准之间的关系，保证生产技术的合理性，科学设定生产标准。在给电子通讯设备生产开展提供条件同时，实现电子通讯设备生产水平的提升，促进电子通讯设备可靠性的增强。

设计因素。在进行电子通讯设备设计的过程中，应该保证设计的合理性和规范性。只有设定完善的设计方案，才能对电子通讯设备可靠性起到保证效果。通常来说，电子通讯设备设计应该要做好简化、冗余。其中，电子通讯设备设计简化则指，简化电子通讯设备中各项构件数量和应用标准。由于电子通讯设备构件数量，通常和电子通讯设备可靠性之间呈现出对立状态。如果电子通讯设备构件数量较为精简，则说明电子通讯设备可靠性相对较大。反之，电子通讯设备构件数量较为繁杂，将会造成电子通讯设备可靠性的减少。在此环节中需要注意，电子通讯设备简化设计并非为一味的简化，而是应该秉持相关标准。电子通讯设备设计应该注重冗余设计。通过冗余设计，能够将电子通讯设备出现的各种故障及时处理。由于冗余设计要求添加一定的构件，因此和简化设计本质之间存在偏差。对此，在此过程中，应该科学调配和处理冗余设计和简化设计之间的关系，将两者控制在合理范畴内。在保证电子通讯设备设计规范合理的同时，提升电子通讯设备的可靠性。

四、提升电子通讯设备可靠性的优化对策

改善电子通讯设备的生产环境。从当前情况来说，我国电子通讯产品生产水平还没有满足国际化要求，这和我国大部分电子通讯生产厂家自身情况有着直接的关联。为了提升电子通讯设备的可靠性，就要从优化生产环境的角度入手。由于生产环境作为优化电子通讯设备的核心要素，结合当前我国电子通讯设备生产环境，只有全面提升生产技术，优化生产环境，才能保证电子通讯设备整体质量，实现电子通讯设备可靠性的提升。

优化电子设备机械环境。不管是对于电子通讯设备设计环节来说，还是针对电子通讯设备后续应用而言，都会面临诸多影响因素。使得电子通讯设备在应用时出现诸多问题，影响其应用效果。并且，电子通讯设备往往存在诸多型号，并且每个型号的电子通讯设备构建成分存在差异。在此环节中，将会面临一定的繁琐性。为了提升电子通讯设备的可靠性，就要迎合电子通讯设备可靠性要求。只有确保设备基本构件整体功能和质量，才能让电子通讯设备在一个较为平稳和安全的环境中运行。所以，应该给予电子通讯设备构件充分重视，从而保障电子通讯设备的可靠性。

加强电子通讯设备电磁兼容设计。众所周知，电子通讯设备往往是在科学技术快速发展的环境下形成的。电子通讯设备作为涉及了诸多学科和内容而得出的产物，在电子通讯

设备应用环节中，各个电子元部件之间将会由于电路板运行产生的静电受到影响。当出现电磁时，不但会给电子通讯设备应用效果带来影响，同时还会缩短电子通讯设备应用周期。为了将该现象进行处理，降低电磁给电子通讯设备带来的影响，提升电子通讯设备可靠性，在进行设计的过程中，可以从两个方面入手。首先，科学设定接地装置，外界电磁给电子通讯设备带来的影响较为严峻。对此，通过应用接地装置能够降低外界电磁环境的影响。在具体执行时，需要结合具体情况，采用多元化的链接方式。其次，适当地降低电子通讯设备应用数量，实现精益求精，以此迎合实际应用需求。由于设备数量作为影响电磁的主要因素，在应用过程中，需要保证电子通讯设备处于理想运作状态。这样不但能够降低电磁给电子通讯设备带来的影响，同时还能提升电子通讯设备的可靠性。电子通讯设备在应用时，可以采用对不常用或者不应用的电子通讯设备进行简单控制，以此达到增强电子通讯设备可靠性的目的。

总而言之，要想给人们提供良好的电子通讯设备应用环境，将电子通讯设备自身功能充分发挥，提升电子通讯设备可靠性是非常必要的。从目前情况来说，影响电子通讯设备的因素数量繁多，其中包含了环境因素、自身因素、设计因素等，为了降低给电子通讯设备可靠性带来的影响，保证电子通讯设备的可靠性，就要结合具体情况，合理选择对应的控制方式，加强电子通讯设备干扰防范，降低各项因素对电子通讯设备可靠性的影响。在保证电子通讯设备可靠性的同时，推动我国通讯事业的稳定发展。

第五节　电子通讯行业技术创新及产业化

随着新时代的到来，电子通讯行业得到了快速发展。其技术在多个领域中得到了广泛应用，所以电子通讯技术的创新与产业化发展受到了人们的广泛关注。本节对电子通讯行业技术创新与产业化的意义进行阐述，并对其中存在的相应问题进行分析。然后对相关的解决策略进行探讨，以有效促进电子通讯行业的健康、良好发展。

电子通讯行业属于技术密集型产业，技术创新对其发展状况有着关键的决定作用。只有对技术进行有效创新，才能够使产业得到有效发展。而怎样对技术进行有效创新已经成为电子通讯行业重点关注的问题。为了适应时代潮流，在国际市场中拥有相应地位，使自身的综合实力得到不断提升，电子通信行业就需要对技术进行创新，实现良好的产业化发展。

一、技术创新与产业化的意义

随着新时代的快速发展，电子通讯技术得到了快速发展。而电子通讯行业的技术创新不仅可以有效提升人们的生产、生活质量，促进创新思维的有效生成，还可以提升通讯行业的服务水平，提高消费者的满意度。同时电子通讯行业的技术创新与产业化发展会对人们的日常生活与工作带来重大改变。人们能够突破空间与时间的限制，开展远程的互动交流，使人与人之间交流更加频繁，关系更加亲近。并且还可以对各种资源进行充分利用，降低能源消耗，实现对资源的有效共享，进而增强电子通讯的运用效率。此外，电子通讯技术创新还可以为社会发展以及军事发展等方面创造有利条件，促进我国综合国力的提升。目前我国电子通讯技术在创新方面取得了良好成效，但是在实际发展过程中还存在相应问题。所以在电子通讯行业的技术创新与产业化过程中，需要利用合理措施解决相应问题，以促进创新思维的有效生成，确保电子通讯行业的良好发展。

二、问题分析

电子通讯行业的技术发展对我国社会发展有着十分重要的作用，但是目前我国电子通讯行业在技术创新方面还存在着相应问题。第一，区域发展参差不齐，整体的创新能力不足。虽然我国电子通讯技术行业已经成为促进我国经济发展的支柱产业，并且具备一定的国际竞争力，部分企业的高技术产品开始与世界接轨，但是大部分产业还是停留在模仿状态，得不到有效发展，致使我国整体的创新能力严重不足。同时由于区域发展的不平衡以及强烈差异，也对电子通讯行业的技术创新与产业化发展造成了严重影响；第二，我国缺乏专业的技术创新人才，致使技术研发、软件开发方面缺乏较强实力，这已经成为我国电子通讯行业发展中的薄弱环节。同时虽然我国对电子通讯行业的技术创新与产业化发展越来越重视，并且在研发领域的资金投入不断提升，但是目前的发展速度依然无法与国际市场进行良好接轨。而研发资金投入的不足严重影响着技术的有效创新，降低了新技术研发的成功几率，严重影响着我国电子通讯行业的技术创新与产业化发展；第三，与发达国家相比而言，我国电子通讯技术以及相关的硬件设备都较为落后。由于基础差、起步晚，对核心技术的掌握程度低，从而导致我国电子通讯技术得不到良好发展，行业的综合实力得不到有效提升，十分不利于电子通讯行业的可持续发展；第四，整个电子通讯行业缺乏较强的产业链竞争力，严重阻碍了电子通讯技术的有效创新与产业化发展。

三、解决策略

政府支持。由我国国情来看，不论任何产业与技术的发展都离不开政府的有力支持，所以政府支持对电子通讯行业的发展而言有着十分重要的作用。政府支持主要包括：第一，政策支持；第二，资金支持。因此，对电子通讯行业关键的技术创新而言，需要政府给予充足的资金支持，并制定良好的支持政策。这样不仅可以对相关部门进行良好协调，以更好地开展研发工作。还可以对政府的引导、协调、监督作用进行充分发挥，使电子通讯行业的技术创新与产业化发展得到确切保障。

保护知识产权。在电子通讯行业发展过程中，想促进相关技术的有效创新就需要对技术的知识产权进行保护，从而为电子通讯行业的技术创新与产业化发展提供确切保障。对知识产权的保护对策进行有效落实，不仅可以确保对电子通讯技术的良好应用，还可以在应用过程中对其进行有效创新与提升，以促进电子通讯行业的良好发展。

构建良好的合作关系。电子通讯行业的良好发展是由多个部门联合协作共同促进的，所以相关单位需要构建良好的合作关系。目前我国电子通讯行业具备很快的发展速度，却更加突出了其研发成果转化慢的问题，十分不利于行业整体、全面的发展，并且使技术创新很难得到有效突破。因此，在电子通讯行业的技术创新与产业化发展过程中，注重各个部门的良好合作，对理论知识进行有效转化，以促进电子通讯行业的健康持续发展。

注重对核心技术的有效创新。技术创新是促进电子通讯行业良好发展的动力，创新元素是促进行业发展的重要推动力。所以需要在做好基础性技术工作的同时，对创新性工作进行有效扶持。技术创新一方面指的是在设备基础上的创新，另一方面指的是在软件开发基础上的创新，这是促进电子通讯行业有效发展的两大基柱。对增强企业的综合实力、市场竞争力、创新性等方面有着十分重要的作用。

构建统一的技术标准。在行业发展过程中，其自身具备的技术标准对其发展程度有着决定性作用。所以需要在电子通讯行业中有效构建统一的技术标准，这样可以使行业发展更具规范性，使生产、研发工作更加顺利地进行。此时就需要对政府的带动作用进行充分发挥，对相关的企业、机构、运营商等进行组织，以对相应的行业标准进行统一制定。同时为了能够避免对成本投入的浪费，可以以实际情况为基础，对已经制定的标准进行有效优化，从而更好地促进电子通讯行业的技术创新与产业化发展。

制定合理的优才计划。就我国目前的发展状况而言，各行各业都缺乏对核心技术人才的有效储备。所以在电子通讯行业发展过程中，相关企业、部门需要对相应的优才计划进行有效制定，以对高素质的专业技术人才进行吸引。而对于企业内部现有的工作人员，也需要制定具备高效性、针对性的培养计划。以对其进行有效引导，使企业内部工作人员能够自主地进行学习，不断提升自身能力，从而得到有效的自我完善。这样就可以为电子通讯行业的健康发展构建一个具备较强灵活性、流动性的循环体系，使行业整体的专业技术水平得到显著提升，从而更好地促进电子通讯行业技术创新与产业化发展的顺利开展。

随着我国电子通讯行业的快速发展，其中所存在的问题也越来越突出，并对行业的健康、持续发展造成了严重阻碍。所以在电子通讯行业发展过程中，需要对政府部门的大力支持进行有效获取，而行业内部需要进行更为密切的联系。对科学、完善、有效的行业标准进行统一制定，对企业内部的相关制度进行有效制定。以吸引、留住高素质的专业技术人才，从而对核心技术进行有效创新与突破；以促进电子通讯行业技术创新与产业化发展的顺利进行，使我国电子通讯行业得到真正的快速发展。

第六节 电子通讯产品ESD防护及具体方法

经常释放静电现象是现代电子通讯产品普遍具有的一个共性，即ESD。由于受到这种静电现象的影响，电子通讯产品的运行很容易出现不稳定的情况。严重的话，还会造成通讯产品的损坏。因此，设计人员在进行电子通讯产品的设计的过程中，需要加强对ESD防护设计的重视，从而有效保证电子通讯设备的正常运行。现本节就电子通讯产品ESD防护及具体方法进行探究，仅供交流借鉴。

一、ESD对电子通讯产品造成的危害

元器件损坏。当电子通讯产品的内部元件受到因摩擦释放静电而产生电流的干扰，那么电子产品内部的元件就会接受错误的信息数据，从而对电子通讯产品内部元件的正常运行造成严重的影响。通常情况下，电子通讯产品会出现黑屏和死机的问题，影响用户对电子通讯设备的正常使用。具体来说，在静电得到释放之后，会产生较大的电流。那么其周围的磁场就会发生很大的变化，那么就会降低电子产品的运行效率和质量，促使电子通讯产品出现无法正常使用的情况。但是在这种情况发生以后，电子元器件的损坏程度不是很容易被检测出来。不仅会影响到电子通讯产品的性能质量，还会促使通讯企业造成较大的社会经济损失。

信息发生错误。ESD出现的时候，大量的静电电流会产生。尽管其干扰范围很小，但是在日常生活中其的存在范围比较广泛。特别是现代社会的通信技术产业的发展较为迅猛，几乎没个人都具备通讯设备，有的人具备不止一件电子通讯设备。这样的话，静电释放的大范围也会逐渐扩大，从而对电子通讯产品的正常使用造成影响。通过多次试验检测能够了解到ESD是一种脉冲干扰，当静电释放对周围电子产品造成影响时，其内部系统就会出现错误的信息，致使内部系统瘫痪。

静电可吸附微粒物。在生活中，我们在梳头发的时候经常会释放静电，使得梳子将头发吸附起来，这是最为常见的一种摩擦产生静电的现象。当空气中微粒物被静电电荷吸附时，电子产品内部将受到污染，降低了电子产品运行效率。长时间出现这种状况，就会造成电子产品内部器件发生故障。

二、电子通讯产品ESD防护设计中需注意的事项

确定防护等级。ESD防护设计应遵循相应的等级原则，这是做好防护工作的基础。一般情况下ESD防护方案执行等级分为基础防护和全面防护。基础防护是对有传导性的工作面进行接地处理，可以采用聚乙烯进行保护包装。全面防护是对产品从设计、生产、包

装以及运行过程进行有效的防护，确保防护设计满足防护效果。防护等级应根据相关规定设置。

管理控制 ESD 问题。在进行电子产品设计之前，就应该考虑 ESD 防护设计，避免 ESD 问题对后期的开发使用造成影响，起到降低研发周期和成本的作用。在确定电子产品设计之后，要对 ESD 防护进行重新考虑，避免产品设计过程中以及设计完成后没有做好相应的防护措施，带来一定的经济损失。尽量避免生产阶段出现变更设计，不然会影响 ESD 的防护效果。

三、设计方法

确定防护等级。在设计电子通讯产品 ESD 防护的过程中，需要对各方面的影响因素进行综合考虑。有利于防护过程中漏洞出现的避免，需要使用抗 ESD 的设计方式进行电子通讯产品系统内部每一部件的设计，从而保证电子通讯产品具有较高的 ESD 防护水平。有利于保证电子通讯产品的高效运行。随着生活水平的逐渐提高，人们对电子通讯产品的性能质量要求也不断的提高。所以为了有效地避免 ESD 静电释放现象对电子通讯产品的影响，设计人员在设计防护措施的过程中，首先需要确定有效的防护等级。当所有的防护操作步骤完成之后，需要严格的检测防护效果。有利于保障防护效果，减少对电子通讯产品质量性能的影响。

有效地获取数据。采取有效的措施提高电子通讯产品内部系统装置的可靠性和稳定性，有利于电子产品有效的获取信息数据。HBM 分类数据与 ESD 的防护对策之间的联系较为密切，主要是因为只有在 HBM 测试过程中，这些装置才能进行分类，但是对 ESD 静电释放对电子通讯产品质量性能的影响考虑的不是很充分，从而影响到电子通讯产品的正常运行的。因此在设计电子通讯产品 ESD 防护措施过程中需要采用新的测试方式和数据分析方式。只有这样，电子通讯产品在获取信息数据的过程中才不会受到 ESD 静电释放现象的影响。有利于保证电子通讯产品获取更多精准和有效的信息数据，维护通讯企业获取更多的社会经济效益。

要做好 ESD 防护方案，就必须对易发生 ESD 的部位进行有效的管理和控制。要指派专门的防护管理员对整个防护方案进行审核和验收，保证防护方案的可行性与可靠性。

设计人员在设计 ESD 防护措施的过程中，可以设置有效的监控装置进行电子通讯产品的实时监控。这样一来，电子通讯产品系统内部部件的稳定性就能够有保证。接地线的完整性、电子通讯产品的生产包装过程和工作面的接地情况是监控装置主要的监督和管理的内容，有利于保证接地腕带的有效佩带。如果电离设备在工作过程中需要使用，在使用之前需要进行严格的检查，有利于设备故障出现的避免，降低对正常工作的影响。与此同时，大量的离子在设备运行过程中会出现。如果这些离子的平衡状态没得到很好的满足，那么一种特殊的静电流会形成，会对 ESD 防护效果造成不利的影响，从而影响到电子通讯产品的稳定和高效运行。

总而言之，ESD 静电释放现象对电子通讯产品具有较大的影响。其涉及的领域也比较广，加之。电子通讯产品在设计 ESD 防护的过程中也会涉及较多的方面，对 ESD 静电释放现象的影响得不到有效的避免。所以在防护的实际设计过程中，防护的等级需要提高，设计全面和有效的防护措施进行电子通讯产品的 ESD 防护；并与电子通讯产品的内部系统的实际情况相符，制定完善的 ESD 防护设计方案。从而使 ESD 防护控制效果得到有效的提升，保证电子通讯产品的高效运行。

第七节　研究电子通信技术工程化应用模式

近年来，随着科技不断发展，电子通讯技术也取得较快的发展。其中在电子通讯技术发生过程中，科学、合理、高效地应用工程化，有可能会成为电子通讯技术之后的发展方向。同时与现代化的通讯技术手段、特点相结合，可以促进电子数据信息的传输、处理、交换、检测以及显示等全面发展，为公众带来一个更加方便、安全、稳定的电子信息技术交流环境，最终将公众的生活变得更加智能化。鉴于此，本节主要从电子通讯技术发展及工程化的概述，分析工程化应用的特点、技术应用以及方法，深入研究电子通讯技术工程化应用模式以及未来的发展趋势。

通讯技术特点与通讯技术，是当前电子通讯技术的工程应用方式的根本，充分结合现代通讯技术，取得较快的发展。而且电子通讯技术的特点与通讯技术的有效应用，是不断推动通讯技术的工程应用的主要方法。在很大程度上，能够不断地完善与健全通讯技术的工程化的有效应用。

一、通信技术发展及电子通信技术工程化相关概述

当前，随着经济不断发展，电子科技也得到较好的发展。且现代化的电子通讯完全取代了以往的飞鸽传书、书信等通信方式，可以有效地保障信息资料传输的完成与安全。同时还可保留信息原来的风貌，利用声音、图像、视频等信息传输方式，使得信息在传播过程中，变得更加方便、高效及快速。

现代化的电子通讯技术主要从 18 世纪开始发展起来。随着社会不断发展，在发展过程中渐渐出现较多的模型电子通讯设备、雷达以及微波通讯。之后人们不断研究分析，在 20 世纪中期，多媒体技术得到较快发展，这就使得电子通讯慢慢实现智能化、数字化应用。然后慢慢发展成当前的电子通讯网络，形成电子通讯技术工程化，对人们的生活、生产以及社会可持续发展等产生很大影响。

二、分析电子通信技术工程化运用

特点。随着计算机技术的不断发展，电子通讯技术工程化的特点也渐渐显现出来，主要包括：①电子通讯技术工程化能大大提升信息传输速度、增强传输过程的稳定性、安全性，使得信息传播及应用变得规范、可靠；②和以往的通讯模式相比，通讯技术工程化具有更大的兼容性，各区域网络间的联系变得十分顺畅、紧密，保证了信息传输的安全。例如，现代4G移动通信技术的有效应用，已经完全实现全世界漫游。通讯网络覆盖区域越来越广，且网络接口全面面向公众开放，各用户能够实现随时、随地实行数据信息的传输以及交互等，完全没有受到地点、时间点限制；③随着当代电子通讯技术覆盖区域越来越广，安全、高效的通讯网络覆盖性可以大大地提升数据信息传输效率及传输速度，充分实现各种各样数据信息的及时、快速以及大量的传输及应用。在网络信息的共享及应用的基础之上，充分发挥信息应用的价值，在很大程度上提升了工作效率及生活水平；④现代电子通讯技术工程化的有效应用，使得公众的生活变得更加智能化、数字化。例如，人们不管身在何处，可以随时查看家里的情况，并经数据信息传输，有效地监控通讯网络所连接的家用电器、家用设备，如远程的遥控开关可以有效地控制家用空调。总而言之，随着电子通讯技术不断发生及有效应用，使得公众的工作、生活变得更加方便、快捷。

技术运用及方法研究。电子信息技术工程化的有效应用，为公众带来较多便利。主要表现在以下方面：①人们可以没有任何障碍地应用、传输以及获取自己所需的数据信息。并且在任何时间、任何地方，仅仅需进行一个简答操作，就能连接通讯网络，较好地实现信息分享、传递以及收集等；②人们对于通讯工程内的任何一项服务，都能实现自由、随意地选用。大大地满足人们对于数据信息的应用、传递需求。例如，大部分上班族能够把工作直接带回家完成。也能在忙碌的时做家务，如远程控制将热水器打开，远程控制空调、电视等，这就使得人们的生活环境变得越来越智能化、自动化及数字化。而且，随着通讯技术工程的有效应用，以往办公要必须要在办公室才可完成，但是当前可以直接利用通讯网络来查阅、收集以及传输各种类型的工作文件，充分实现移动办公。且电子信息技术工程化的应用模式可以支持各种形式的业务应用。③大大改善了各通讯网络工程体系的兼容性，用户能在不同通讯网络、不同体系间进行信息传输、共享及应用业务，从而有效地提升地各项任务完成的准确性及效率。例如，在物联网的业务不断发展的环境下，很多人不出门就能实时查看到所关注物品的具体位置及状态。而且电子信息技术的工程化所涵盖的技术工艺较为丰富，工程化应用模式也十分新颖、灵活，应用的方式各种各样。如，信息呼叫的干扰技术，它属于一种能够较好地降低信息在传递时互相干扰。在一定程度上，有效地提升了通信水平及质量，保证了数据信息在传递过程中的安全性、准确性及完整性。

例如，当前新型的一种通讯技术，重构性的自愈网络技术，主要指通讯网络在应用过程中，可以较好地实现网络的自我调整以及自我恢复。经过自动排除、检修电子通讯网络出现的故障，确保电子信息传输的稳定、安全。综上所示，各种各样的电子信息技术的统一、综合应用，主要的目的是保证电子信息在传输过程中的传输速度、传输容量以及传输质量。进而降低数据信息的传输成本，保证数据信息传输的高效性、适用性以及安全性。

三、论电子通信技术工程化应用模式及未来展望

在信息技术飞速发展的今天，电子信息技术的工程化的有效应用，最主要的目的是有效地实现电子数据信息的交换、检测、传输、处理以及显示等，并使得信息传输过程变得最优化。目前电子通讯技术工程化的应用模式尽管很丰富，且应用方式较多，但也存在或多或少的问题。电子信息网络在不断发展的过程中，造成个人、社会以及国家对通讯网络的依赖性越来越强。且在整个电子通讯网络环境当中，任何一个通信环节发生问题，都会影响整个电子信息的传输，而安全、高效、健康的电子通信网络也渐渐发展成全球都关注的一个重要话题。例如，电子信息传输过程中，若出现信息安全问题，而随着通信技术水平不断提升，没有严格惩治个别人或是集体对数据信息的窥探以及占有欲望，很多黑客手段变得越来越高明。因此，解决好数据信息在传输过程中的安全性及有效性非常值得关注。

此外，在之后的电子通信技术工程化应用模式发展过程中，电子通信网络和人类社会之间的关系将会变化越来越紧密。这就要求电子信息技术的工程化应用模式应借鉴及参考成功经验，不断健全与完善通信企业的通讯系统。同时，电子通讯技术设计人员应勇于创新，多从新颖、独特的角度来综合考虑以后电子信息网络发展方向。从而优化各种各样通讯技术的应用效果，以提升电子通讯网络系统运行的安全性及稳定性，保障信息通信质量及通讯效率运行。使各种技术的综合应用效果更加优化，提高网络系统的稳定性、安全性。确保电子信息通信的质量和效率，从而满足人们对电子信息的需求。

总而言之，随着电子通讯技术工程化应用模式不断创新，在很大程度上促进了社会的健康、稳定发展。且在科技不断发展的今天，通信技术应用变得更加成熟，应用方式、应用模式变得更加的安全、使用、可靠，能够较好地满足人类社会发展对通信的需求，大大地提升了人们的工作效率及生活水平。但是不管电子通讯技术工程化应用模式的发展趋势如何，最主要的目标是为人类提供给更加方便、快捷、优质的通讯服务，进一步促进人类社会快速发展及进步。

第六章　电子通讯技术应用发展与创新

第一节　电子通讯设备的可靠性设计技术

在信息化技术迅猛发展的新形势下，电子通讯设备随着人类需求的提升而日益增多，产品的样式也日趋多样化，如此便要求提高电子设备的产品质量。而在电子通讯设备的可靠性技术分析的过程中存在诸多因素能够影响电子通讯设备的可靠性。因此需要对其因素进行分析并提出相关保障措施，以便提升电子通讯设备的可靠性。

电子通讯设备在全球经济一体化以及电子通讯产业的带动下得到了广泛运用。随着电子通讯设备不断更新换代，越来越多的人对设备的可靠性提出了较高的要求。因此有必要对电子通讯设备的可靠性设计技术进行分析和研究。

一、电子通讯设备可靠性设计的必要性

当前，电子通讯设备已经在社会上得到了广泛应用和深入发展。为了保证电子通讯设备的使用效益，对其进行可靠性设计至关重要，并不断强化设备整体质量。随着我国科技发展水平的持续提升，电子市场中存在的大部分电子通讯设备均具有智能化、便捷性和性能多元化特点。要想保证电子通讯设设备具备较高的可靠性，就必须及时优化和更新电子通讯设备内部各元器件，尽最大可能将其元器件的功能充分发挥出来。这是实现可靠的电子通讯设备的关键环节。通过对电子通讯设备进行可靠性设计，满足了消费者的使用需求，使得电子通讯设备拥有更为广阔的市场发展空间。

二、影响电子通讯设备可靠性的因素

生产条件不能达到要求。电子通讯设备对生产厂家的设备状况、生产技术、生产能力和管理水平都有着很高的要求。但是部分生产厂家生产设备陈旧、生产技术落后、生产能力和生产管理水平比较低下，所生产的元器件不能达到产品的生产工艺要求。造成了符合可靠性设计的电子通讯设备在可靠性上不能达到设计要求，电子通信设备的可靠性不能得到体现。

外界环境的因素。电子通讯设备具有耐用、高质量等优点，是高端科技型产品，其有

较好的可靠性设计技术，虽然其质量较高，但是对于外界环境的伤害也是无法阻挡。在使用设备时，如果受到外界的重大损伤或者是使用时间超限就会出现一些问题，进而影响到其自身的可靠性。让设备的作用和技能无法和以前一样，让可靠性设计技术受到束缚，限制了电子通讯设备发展。

机械条件的因素。机械条件也是影响电子通讯设备可靠性设计的一个重要因素。人们在使用设备时，设备损坏的现象也常有。设备内的电子元器件因为受到损坏，导致其无法继续发挥出应有的功能及作用，对用户的使用造成影响，会无法正常使用。而设备损坏的原因中，有很大部分是因为用户自身原因造成的。他们对设备不在意，在使用之后就随意丢放，让设备出现摔坏或者是进水等问题，这些都是不能避免的。除此之外，用户在使用设备中，还会因为一些外部因素让设备受到震动及冲击，进而影响内部的元器件，导致其受到损坏，无法发挥出其正常的作用和功能。让设备不能正常使用的原因有很多，如金属物件损坏、元器件的结构出现变形问题等，让设备的可靠性也受到影响，影响了设备的使用寿命，限制了设备可靠性设计技术发展。

三、提升电子通讯设备的可靠性设计措施

科学选用电子通讯设备的元器件。实际选择电子通讯设备内部元器件过程中，要充分了解和掌握设备的电路性能及工作现场状况等。实际选择的电子通讯设备内部元器件必须与相关质量标准及技能要求相一致。对电子通讯设备内部元器件种类规格予以一番精简，避免生产厂家过多的干预，延长电子通讯设备内部元器件的使用寿命。通常情况下，所选择的电子通讯设备内部元器件在达到设备作业要求后，接下来要从可靠性角度再次进行选择，从而保证电子通讯设备的整体可靠性；对于一些品种一样但规格各异的电子通讯设备内部元器件，必须深入分析各元器件之间具体的差距，以此选择最为优化的电子通讯设备内部元器件。电子通讯设备运行过程中，还应充分掌握其元器件的总体性能及可靠性等有价值的数据信息。如果必须选择低成本的元器件，那么在实验条件允许的情况下需要设计简单的开发板，对所替换的器件进行一系列可靠性实验。

降额设计。电子元器件都有自身的额定值，比如：额定电压、额定电流、额定功率等指标，而我们在设计时必须要考虑元器件自身的这些指标，因为导致电子通讯设备内部元器件或设备出现异常的原因，一般和电子通讯设备内部元器件或设备的降额设计存在一定的关系。如果元器件或设备实际承担的工作应力要比自身的额定值小，那么元器件或设备将很少发生异常问题，这样元器件或设备就会存在较高的可靠性。如果元器件或设备实际承担的工作应力要比自身的额定值大，那么元器件或设备运行中极易发生故障问题，毫无可靠性而言。因此在电子通讯设备的可靠性设计技术的分析研究中，应高度重视降额设计这一环节。

设备的耐环境设计。在气候环境因素中，潮湿、盐雾和霉菌是最常见的破坏因素，对

这三个因素的防护统称为三防，三防设计内容包括材料和加工工艺的正确选择、结构的合理性设计、使用应力的计算、防护体系的有效合理的选取。对于电子通讯设备在生产、运输、工作过程中受到的震动、摩擦、冲击等机械应力应当采取有效的防护设计。有效的设计方法可以分为消除和减少震源、对震源隔离和去谐。另外还可以采取去耦、阻尼、刚性化等方法来有效地抗冲击和抗震动。选取相应的耐腐蚀、抗变异的材料进行生产，同时做好设备的隔离、防湿等工艺防护措施。使电子通讯设备的耐环境性能得到提高，使设备的可靠性得到增强。另外，谈到气候，设备使用的地区也是设计师必须考虑的问题。因为不同的地区设备所承受的温度是不同的。我国的东北地区在冬季的极低气温可以达到零下四五十度，这就要考虑到设备所使用的器件是否能够经受得起这样的一个温度，某国际品牌的手机在北方的冬季经常自动关机就与其所使用的电池耐低温差有关，所以我们在考虑气候的时候不仅需要考虑到三防问题，气温问题也必须考虑。

电子通讯设备的电磁兼容设计。电磁兼容是设备必须考虑的问题。我们所设计的设备不仅需要防止其他设备对自身的干扰，还要尽量降低其对其他设备的干扰，这就涉及到设备的干扰与反干扰的问题。在电子通讯设备的可靠性设计技术的分析研究中，应充分考虑各设备间或各元器件间不会因电磁感应而发生运行异常问题。通过实例分析电子通讯设备的应用，对电子通讯设备进行接地设计过程中，若接地设备只有不到 1MHz 的频率，那么就要考虑以单点接地的方式为主，从而规避由于环路因素而导致其电磁兼容不稳定。在敏感设备方面，应通过自动屏蔽电磁干扰的方式顺利完成屏蔽设计等。

简化设计。可靠性设计过程很复杂，在这个过程中需要不断地降低复杂性函数，这就需要在进行可靠性设计时，在与设备基本性能需求相适应的前提下，不断地降低优化流程，进行简化设计。在简化设计时，要减少线路通道。要实现这一点就需要让一个器件或电路元件可以同时供多个通道使用；其次，需要在确保基本设计要求及使用功能的前提下，尽量将器件的类型和个数进行简化，减少数量和类型，逐渐朝着集成电路的方向发展，以此来降低接点数及连线数，实现设计优化；再次，要逐渐转换系统，从硬件系统转变成软件系统，利用软件去替代硬件的一些功能，实现简化设计；再逐渐实现电路转变，将模拟电路转变为数字电路，这可以有效提升电路可靠性，在设计中需要以最优化设计为指导原则，总结为一句话就是用尽量少的元器件实现最强大的功能。但是，在设计中还需要注意，不能为了减少元器件数，就增加其他器件的承载能力，减少设备的基本性能。在转变系统时，不能直接使用不成熟的软件系统，部分关键性器件也不能直接使用，避免设备可靠性受到影响。

综上所述可以得知，当下电子通讯行业存在着如下发展现状，如：电子市场在未来国际市场中将是发展最好的一个市场、电子通讯设备的应用范围逐步扩大等。对此，应该确定好电子设备的可靠性技术支撑的基本目标，从而更好地促进电子通讯设备的可靠性，提高其可靠性技术水平。

第二节　电子通讯行业的技术创新探析

随着我国市场经济的高速发展，我国电子通讯行业整体上有了极大的进步，而且在未来还有很大的空间。电子通讯技术改变了世界，改变了人们的生活方式、工作方式、思维方式。可见，电子通讯技术与我们的世界息息相关。需要不断地创新和完善，能够全面推动社会的进步，进而为人们提供更好的电子通讯服务。

电子通讯技术在人类发展与进步的历程上有着非常重要的作用。目前，电子通讯技术涉及到很多领域，例如：教学、医疗、学习、军事、航天航空等等方面。基于此，国家应该高度重视通讯技术的创新，同时还要紧密关注电子通讯行业在国际上的走向。这样能够结合实际的需求，将研究重点放在核心技术方面，而且保持着长远的眼光，不要因为创新规划的失误而失去了占据行业优势的先机。本节笔者结合相关资料，对电子通讯行业的现状进行了分析，并对电子通讯行业的技术创新策略提出了一些浅见，希望能够对大家有所帮助。

一、电子通讯行业的现状

电子通讯行业在我国的发展与壮大是大家有目共睹的，尤其是最近几年，呈现高速发展的趋势。各方面技术日新月异，逐渐朝着高端通讯行业发展。我们所熟知的华为、中兴以及大唐等等大企业在国际上也具备了一定的竞争实力。特别在是 4G 时代，中国 4G 用户以快速发展的态势很快超过了 3 亿用户，占据世界用户数量的 1/4。由此可见，我国在电子通讯行业上的发展形势已经与国际水平非常接近。另外，互联网通讯也取得了极大的进步。在技术上有所突破，呈现出瞬息万变的态势。虽然我国电子通讯行业发展取得了一定的成果，但是我们必须看到我国电子通讯行业在技术创新方面存在一定的问题，最为突出的就是核心技术方面还没有完全地掌握与突破，缺乏对应的支持，例如：核心人才的缺乏、科研经费的缺乏、技术环境氛围的缺乏等等。从这些因素我们能够看出我国电子通讯技术想要在短时间之内取得完全突破难度还是非常大的。

我国虽然是世界大国，但是电子通讯行业发展与发达国家相比起步较晚，这就是决定了我们的电子通讯技术在硬件创新方面有着"先天性"缺乏，因此还导致很多软件技术也难以得到突破。再看看国内环境，我国东部经济发达，而西部则稍显落后。因此，东部在技术创新与氛围方面都显得更强，而且能够吸引更多的优秀人才；西部通讯行业的发展则必然会面对人才、技术、资金方面的缺乏。我国也意识到了这一点，并且出台相关的政策予以扶持，但是落到实处则因为各方面的影响不尽人意。所以，国内电子通讯技术呈现出东部无序发展，西部发展滞后的局面，而这些现状也必然成为影响我国电子通讯技术创新的主要因素。

二、电子通讯行业的技术创新策略

加大政府的支持力度。基于我国基本国情，国内任何一家产业，任何一项技术，倘若要发展与突破，必须要有国家政府的支持，反之则难以得到发展。而电子通讯行业的发展以及技术方面的创新，更离不开国家的支持。通常来说政府的支持主要体现在这些方面：①政策上的支持；②资金上的支持。政策上的支持能够帮助通讯行业营造更好的发展环境，资金上的支持则能够为电子技术创新带来极强的动力。国内虽然有很多经济实力很强企业，但是为某一个电子通讯技术创新项目持续给予大量的资金支持，还是非常有难度的。因此，政府通过政策与资金的双重支持，能够更好地协调各方面的资源，使其行业内关于某一个技术创新资源或者机构形成合力，从而实现技术上的突破。因此，政府需要发挥好引导者、协调者以及监察者的作用。

加强核心技术创新动力。任何一个行业一个企业的发展，其推动力具有非常重要的作用，而电子通讯技术创新之中的推动力就是创新元素。因此，在发展电子通讯行业的过程中，第一步必须要做好基础性技术工作，步步为营，然后再不断寻求技术上的突破，从而实现创新。加强核心技术的创新动力，可以增加科研资金，为核心技术的研究提供一定的经济保障。结合核心技术的特点，有针对性培育更好的高素质专业技术人才。同时，还需要采用灵活多变的选拔机制，吸引更多的行业优秀人才。针对当前电子通讯行业的关键技术设立对应的研究小组，不断提升研发力度，以求能够实现突破。毋容置疑，掌握一门核心技术，必然能够让企业在该行业中占据极具优势的地位。核心技术的创新，主要包括了硬件与软件方面的创新。设备与软件开发一定要同步进行，这也是电子通讯企业内部的两大基柱。对于提升企业核心竞争力、产品创新等等方面都具有非常重要的意义。

尽快建立并完善统一技术标准。一个行业中的技术标准往往能够决定该行业的发展程度，而国内电子通讯行业还没有统一的技术标准作为支持，应该尽快建立与完善。建立统一的技术标准的过程中，能够充分彰显政府在当中的带动与支持作用。在政府的支持与引导下，能够将电子通讯行业之内的企业、公司、科研机构、运行商组织起来，经过协商制定统一的标准，并且在实践中不断完善。这样就能够生产出更好的商品，而且还能够为电子通讯技术创新营造更好的氛围，为人们提供更好的电子通讯服务。

建立科学合理的优才计划。核心技术对于我国当前电子通讯行业的发展来说至关重要，要想拥有核心技术必须要有核心技术人才。而当前对于我国电子通讯行业来说缺乏核心技术人才是一个非常大的问题，对正在学习的学生来说也是一个更大挑战。因此，电子通讯行业内的企业应该建立科学合理的优才计划，有针对性地加强培养，促进自主学习与自主完善能够形成良好的循环体系。不仅要给他们提供更多的学习平台、培训机会，还应该适当提升福利待遇，从而更好的吸引人才、培养人才、发展人才、储备人才，为电子通讯行业技术创新提供源源不断的人才。

综上所述，我国电子通讯行业发展虽然取得了骄人的成绩，但是在技术创新方面，尤其是掌握核心技术方面还存一定的问题。为了能够让电子通讯行业未来有更好的发展，需要政府的全力支持。对行业内部相关资源进行全面协调，加强科研经费的支持；制定科学合理的制度，从而吸引更多人才，实现对技术的创新与突破，从而推动整个行业的进步。

第三节　电子通讯设备的接地技术

在电子通讯设备中应用接地技术的主要目的是为了预防和制止触电事故的发生，所以，应合理地利用接地线让电子通讯设备与大地进行连接，这样就会呈现一个回路的状态，从而有效防止静电电流、漏电电流或者是雷电电流的产生。此外接地技术不仅能避免触电事故，而且也可以消除静电，排除磁场对电子通讯设备的干扰，进而减小电子通讯设备故障的频率。本节将对电子通讯设备的接地技术进行分析。

一、关于接地技术的研究和分析

接地方式。接地方式主要分为两种类型：①分散接地；②并联接地。分散接地主要是指电子通讯设备通过与其他设备配合，利用分离方式来进行系统性的接地处理。这种接地方式会不断的增加接地系统，并减少电子通讯设备在运行时存在的安全隐患。而且，它也能加强电子通讯设备的抗干扰力。并联接地则是在分散接地的基础上展开的一种接地方式。由于并联接地不能形成回路的状态，因而，磁场很难对电子通讯设备产生干扰。

接地方法。一般情况下，电子通讯设备存在两种接地方法：①直流悬浮法；②直流接大地法。直流悬浮法的特征主要为：接地线在应用的过程中，并不与大地直接接触，而是形成一个独立的点，这是因为该方法可以预防接地线对电子通讯设备的干扰。而另一种方法直流接大地法则是将通讯设备中的数字电路的等位地同大地直接相连，从而减少电路混合，这样就能减少外界因素对电子通讯设备的干扰。但是该方式的电阻必须低于 4Ω，否则，电子通讯设备会产生大量的问题，进而产生静电现象，甚至导致电子通讯设备受到强烈的干扰。

二、关于接地技术在电子通讯设备中应用的分析

（一）干扰的成因与抗干扰方法

干扰的成因。一些专业技术能力不达标的工作人员，在对不熟悉的电子通讯设备进行接地设置时，会按照普通设备接地方式进行处理，将导电的物体与地面相互连接。但是，对于专业的人而言，却不是如此。因为专业的人员充分了解电子通讯设备干扰的成因，并

知道这种干扰属于共模干扰。共模干扰中包含射频、尖峰等因素。这些因素会强烈干扰电子通讯设备的运行，如果不完全将这些因素排除，电子通讯设备则会受到不良的影响，甚至会出现逻辑混乱、通信混乱的现象。而当电子通讯设备正常运行时，导线的压差必须要降低，并保持一定的范围内容。因而，当电路中大负荷的电子通讯设备在正常运行时，如果接地线不合标准，则导线会受到内阻，这样影响电子通讯设备的干扰就形成了。

抗干扰方法。要想有效地防止电子通讯设备受到干扰，让电子通讯设备具备一定的抗干扰能力，相关工作人员在利用接地技术时，就要降低接地线的阻力。将电感与电阻合理地组成在一定，进而使其底线阻抗。并且，由于在较低频率的电路中电阻起着主要的作用。因此，电阻在一定程度上也就属于一种抗干扰方法。尤其是直流电中的电阻。所以，我们必须要保证接地线的材料和长度符合电子通讯设备的需求。只有接地线的面积越大，电阻才会越小。另外，同时进行交流电的过程中，电流会集中在一个地方，专业电阻就会增多。要想合理地控制电阻合的大小和接地线的面积，就要遵循相关的公式进行计算。并在实际的工作过程中，将接地线与铜片结合，进而降低干扰的效率，这就是抗干扰的主要方法。

（二）接地技术

如果相应合理的正确的在电子通讯设备中应用接地技术，相关工作人员就要掌握接地技术在电子通讯中应用时的种类、方式等。

接地种类。通常情况下，电子通讯设备中的接地种类形式多样。因此，相关人员在接地技术时必须提前对现场进行研究和调查。根据实际情况选择接地种类，这样才能制定出科学的接地方案，并有效的实施在接地过程中。比如：工作接地、模拟接地、保护接地等。无论采用哪种接地，都要注意以下几点内容：①接地线的长度要控制 1/4；②防雷接地系统要是与电子通信设备共用一个接地体时，接地电阻一定要小于 1。

接地方式。对接地方式的类型分析可得知，接地方式分为并联接地和分散接地两种。为了达到理想的接地效果，相关工作人员通常会选择分散接地这种方法。这种方法不但可以形成回路，也能降低电子通讯设备的干扰力，并且能避免意外事故的发生。但并联电路不仅无法为电子通讯设备提供相应的保障，设计过程也十分复杂。相关工作人员进行并联接地过程中，将会耗费大量的人力以及物力。并且若是在接地中出现失误，将会影响整个接地工程的质量，从而严重影响到电子通讯设备的正常运行。因此，为了给相关部门减少不必要的麻烦，接地人员应尽量选择分散接地的方式。与此同时，由于高层建筑物不断的增加，接地方式存在的安全隐患也就越大。这样，电子通讯设备就会存在一定的弊端。所以，很少有人使用并联接地方式。

接地方法。对于电子通讯设备影响最大的就是接地方法。一旦接地方法存在问题，电子通讯设备就会受到干扰，无法正常运行。因此，在应用接地技术时一定要选择正确的接地方法。接地方法主要分为直流地悬浮和直流地接地。当在电子通讯设备中应用直流地悬浮时，相关人员一定要采用合理的方法严格绝缘。否则，电子通讯设备中的电路与交流电就会连接在一起，从而形成电压干扰的现象。因此，为了预防电压干扰，并确保两者处于分离的状态，相关工作人员一定要采用形式多样和先进的科学技术，控制两者之间的距离，并对其进行监测。只有充分做好接地线的准备措施，才能避免触电事故的发生。

（三）减少地环路的干扰

虽然现今出现了很多新型抗干扰技术，然而这些技术在进行抗干扰过程中，会产生环路，而环路则会产生一种新型的干扰现象。因而，工作人员要深入研究地环路，合理的利用共模扼流圈、光电耦合器等，提升电阻的平衡力。这样，接地线才能承受更多检验。尤其是电子通讯设备在运行的过程中，电流耦合会通过一些系统的控制和定位，导致放大器出现自激状况，最终影响电子通讯设备的使用。所以，为了确保电子通讯设备能正常运行，并具有一定的安全保障措施，相关工作人员一定要合理地选择接地线。确定接地线的位置和数量，从而满足电子通讯设备与大地进行相连时的需求，并且排除影响电子通讯设备运行的的因素。这不仅符合电子通讯设备的接地技术要求，也大大提升了接地技术的使用效率。

总而言之，相关部门要利用接地技术减少影响电子通讯设备的因素。相关部门一定要加强对工作人员的培训，使其掌握正确操作接地技术的方法，并在保证工作人员生命安全的基础上，合理地展开电子通讯设备与大地之间的连接工作。与此同时，相关部门一定要对工作人员加强监督和管理，采用合理的方法转变电子通讯设备系统的运行状态；制定科学的方案，提出具体的设计，将其实施在实际的工作过程中，这样才助于接地技术在电子通讯设备中的应用。

第四节 电力电子通讯设备及技术

信息时代的发展，使得电子通讯系统发展的更加完善，在设备、线路以及技术上也进行了较为详细的分类。随着通讯系统发展趋势，传输干线数量也逐步的增加，有效地提升了信息传输的质量和效率，然而这也对电网控制以及调度工作加大了难度。我们将通过对电力电子通讯设备及技术进行深入的研究，对通讯系统的运营机制进行探讨，有效地攻克这一难题。

前言：电力电子通讯产业在社会经济发展中起着至关重要的作用，它已经给人们的工作和生活带来许多的改变，正逐步成为国民经济发展的基础。电子技术也在不断的创新中，随着各种新型通讯设备和技术的不断增加，通讯行业的内部结构也有了更为细致的划分。在社会的要求下，深入地研究各类设备和技术，使设备的使用效率得到显著的提升，为通讯事业的健康发展做贡献。

一、电力电子通讯设备及技术分析

微波设备及技术分析。在通讯系统中，微波站是极其重要的。微波设备具有多种型号，其具体设备和功能都有不同之处，我们可以把它分为两类。

其中一种是收发信机设备，该设备通过对信号频率的转换来体现其功能的。收发信机可以识别信号在一些通道中传递的不同频率，对大小不同的频率对信号进行处理，可以实现微波信号与群路信号之间的互相转换。设备自动的将群路信号转化成微波信号，这种是系统需要上信号调频率；相反的情况微波信号被设备转换成群路信号，信号频率的调整就是通过这种方式来调节的。

还有一种就是终端机设备，微波站中的主要设备就是终端机。信息的发送时，将各类信号按照一定的规律排列起来至发送端口处，把一些分散的信号组合并转换成群路信号。信息接收端口需要的是信号的还原，与发送端口正好相反的操作，根据其逆向的规律接收信号。

载波设备及技术分析。载波通信是由调制系统、载供系统、自动电平调节系统、振铃系统以及增音系统五部分构成。

载波机的构成及功能分析。电力载波机由调制、载供、自动电平调节和振铃四个系统组成。载波机也是多种多样的，不同型号的载波机构造原理也就不一样，在实现方式上也就不同。以其中的调制系统为例，其结构及功能是：双边带载波机经过初步的调试以后，上下两边带会分别加载不同的信号，使原始的信号被传达到线路频谱内。单边带载波机的功能与双边带截然不同，其会对信号的加载产生阻碍。

自动电平调节系统的结构及功能如下：双边带载波机运行过程中可以完成对载频的检测。检测结果能够反映出通讯通道内的变化，同时这种方式实现对载波放大器收效的控制，进而完成对电平波动的控制。而对于单边带载波机而言，其运行过程中会自动调节中频，在发射端的作用下，中频条幅器会接收到中频信号。然后在高频条幅器的作用下，中频最终被传输到载波通路中。中频在正式被接收方接收以后，滤波器就开始发挥作用。主要是对信号进行过滤和选择，完成载频的放大。这些载频一部分会被中频条幅器接收，另一部分会被作为导频加工整合。然后对收发频道输送的强弱进行控制，最终实现对自动电平的调节。

振铃系统的构造及功能如下：振铃系统可以有效提升通讯过程的可靠性和效率。对于双边载波机而言，可以通过载频分量实现自动呼叫。对于单边载波机而言，其会在内部设置专门音频，通过音频来完成振铃。

音频架及高频架的构成及功能。载波设备在使用过程中，如果变电站与调度所之间距离很远，拨号的准确率就会明显降低，通讯质量也因此降低。为了解决这一问题，一般会在二者之间设置音频架与高频架，两种设备中间需要使用电缆器连接。实践表明，通讯系统中应用音频架与高频架之后，拨号传输距离会明显缩短，通讯质量因此提升。同时，在这两种设备的辅助下，远端通路信号电平的控制和调节将会变得更加容易。

光纤设备及技术分析。首先是光端机，其在整个通讯系统中占据重要位置。实际运行过程中为了避免光端机故障对通讯过程造成影响，一般都会设计一个备用方案。一旦出现故障，备用设备就会立即启动，保证通讯系统的正常运转。光端机主要由以下几个组件构成：一是光接收电路，功能是可以将脉冲信号转换为电信号。对这些信号进行放大处理以后，就可以发挥改善波形的作用，解决信号干扰的问题；二是光发送电路，用户电路在光驱信号的作用下会被转换为光信号；三是输入接口，普通信号在输入接口的作用下会被转化为二进制信号，方便系统处理和使用；四是定时再生电路，信号波形会在定时器的作用下保持稳定。通过以上分析我们可以看出，光端机针对不同部件会发挥不同作用。

其次是光中继机设备，如果传输距离比较远，通讯速度和质量就会受到传送功率与电路消耗的影响。为了提升接受信号的准确性，一般会将机电设备添加在系统中。主要是为传输机源源不断的补充能量，提升传送功率，降低电路损耗，提升通讯质量。

最后是数字设备，数字设备的基础是计算机技术以及数字技术。该设备主要由两部分构成，一是 PCM 基群，二是高次群复接设备。具体工作原理如下：通讯系统运行过程中，PCM 集群会自动编制接收到的信号，将其转换成数字信号。高次群复接设备会进一步对这些数字信号进行加工，将信号还原为模拟的话音，最终完成信号的传送。

第五节　电子通讯的预编码技术

现如今，随着电子信息技术的迅猛发展，作为一项关键技术，预编码在国内外掀起了科学研究的热潮。本节结合预编码的概念和我国现阶段的研究现状，对在国际上得以大幅度运用的 MIMO 预编码开展有侧重地分析，以便为电子通讯领域的预编码技术的发展和改进提供科学依据。

传统意义上的电子编码方式由于深受无线电通讯的物理作用影响，通过建设基站从根本上予以提高。然而，这种方式仅能使基站数量得到增长，投入成本较高，无法从源头上解决问题。基于此，分集技术的投入使用便会显著地增强电子通讯的发射速率与信号强度。经由单独的发射点位向若干个阵元传递通讯信号，分集该信号，加大信号接收的范围与强度。借助于阵列天线同步调整信号的传送、接收，这种系统便被称为多输入多输出（MIMO）系统。本节首先分析预编码技术在发展中的优势及缺陷，接着现今普遍应用的 MIMO 预编码及其相应计算方法。

一、预编码技术的概念

通常情形下，预编码技术可划分成两大类，基于接收端的由线性传送及非线性接受为主；基于发送端的有线性及非线性预编码。预编码经由线性完成接受，一般叫做 SVD 技术，这种技术可经 MIMO 系统多平面分解对应信道，最终大幅增加系统容量。这种方式的具体运用需依靠分配技术的援助，分解上述信道后，还应促使传送及接受信号可同每个小信道相互搭配。然而，这项技术的不足之处在于收发两侧的设备会因技术的独特性而无法及时、精确的处置编码与数据，使工作变得异常繁杂；又如信号所伴有的颗粒特性会直接造成通信信号受损，也就使通讯传输速度大幅降低。

二、预编码技术在电子通讯中的优势和缺陷

纵观世界范围内 MIMO 系统的运用已十分普遍。一般设计通信时几乎均需运用 MIMO 技术，该技术可提升系统运行的高效化。在对 MIMO 开展实践性应用的同时，需经反射和接收信号增强系数，进而选用适当的 MIMO 信道从格式上完善和优化码本。码本主要由矩阵构成，这一系列矩阵具备提供信号的优势。因此，MIMO 系统可转化 UE，最终产生出码本的形式，充分体现信道的参数。现今普遍运用的办法是把 MIMO 技术科学运用于电子通讯信道上，以便于调整业务信道同广播业务之间的关系。在预编码走向专业化的进程中，MIMO 技术也得到革新并被科学地使用。现如今，我国 MIMO 技术的研发已更趋于市场化，同时也在日益完善。我国研发的 TD-SCDMA 网络制式，在技术层面上为 MIMO 系统的进一步发展提供动力。

三、MIMO 的预编码及其相应计算办法

就当前而言，世界上应用广泛的 MIMO 和编码技术，本质上是线性预均衡，ZF 为基准的办法在技术革新中属相对简单的一个类型。其运行机制主要把 MIMO 全部可能遭到的干扰调整为零，该方案的缺陷较为明显，运行过程中的噪声偏大，降低了系统的功能。下文重点分析 ZF 线性预均衡及有限反馈 MIMO 线性预编码的计算方法：

（一）ZF 线性预均衡的计算办法

经由 ZF 基准可发现，其发射端的预编码信号是 x=Fa，在 F=β H-1 中，通过均衡矩阵 F 的分析，可得到 y 的数据，也就是：y=1/β（Hx+n）=a+1/β *n，通过下面的公式可知：β＝, -k/trace(, H--1.*, H--T..)，其中，β 作为缩放因子，可稳定地传递预编码的信号，这就是 x。

（二）有限反馈 MIMO 线性预编码的计算方案

这种设计思想主要源自于削减反馈信息达到信息互换性，全方位提升单向的传送速度。

通常意义上，在旧式电子通讯传送系统中，发端收到外界的信号渠道比较单一。也就是说，信号经接收端流到发送端，如此单一化的信道方式显然无助于电子通讯信号的高效传递。实践表明，上下互联的上下行信道方可加快信号传送的速率。

就当前情况看，在国际上接受度较高的有限反馈预编码技术，其设计主要围绕两部分展开：码本构造预编码矩阵的选用；码本创建的技术。近些年来，伴随网络通讯技术由有线到无线转变，电子通讯的设计标准也相应地出现变化，码本变换的方案也应被再次设计。需强调的是，因接收标准存有相对较大的差异，设计预编码的矩阵也需分步骤开展。必须依照不同的接收原则定义矩阵中的两点距离，具体运用还要周密分析接收原则。

从该方案的执行效果看，电子通讯的传送系统互换性不顺畅的问题取得改善，效果相对理想。从总体上看，预编码系统的设计需经过两个主要过程：首先，发端在由上行信道接收的反馈信号，需搜索相应的预编码矩阵，依照提前编制完成的预编码方案开展信号传送，进而完成设计预编码矩阵的工作。在这期间，矩阵的设计容量直接关乎收端信号的搭配度，共同决定发端信号传送的速率。所以，预编码矩阵在设计中的容量以有限反馈MIMO系统线性预编码作为中心环节。其次，对经由下行信道所传送的信号，接收端口要开展细致严密地检测。检测得到的结果一般会通过计算机网络系统自行传送到预编码矩阵的网络数据库管理系统中，同相应的矩阵加以搭配。搭配相符合的预编码矩阵便会通过矩阵库提取而来，并经上行信道反馈至发端，进而形成电子通讯信号的传送。

综上所述，MIMO系统具有自身的优势特征，相较于电子通讯的预编码技术而言，MIMO的实际运用异常关键，比较典型的例子是通过传统层面上的单个用户MIMO传送朝向多方向、多用户MIMO传送发展，再到更为前沿化的协同匹配型MIMO预编码技术。随着电子通讯技术的不断革新与突破，MIMO的运用范围必定会进一步扩大。特别是陈旧的AN技术向现今蜂窝技术的革新与转变，MIMO预编码技术在其中的应用已日臻成熟，通信市场得以进一步扩大。

第六节　电子通讯的多途径抗干扰技术

当前电子通讯技术在人类社会生活中应用广泛，为人们的生活带来了极大的便利。但是电子通讯技术在应用过程中会受到很多噪音信号干扰，因此关于电子通讯的多途径抗干扰技术研究具有现实意义。从抗干扰电子通讯技术的原理和特点分析入手，对于多途径抗干扰技术进行了详细深入的研究，并研究了电子通讯多途径抗干扰技术。

随着科学技术的不断发展，通信技术的不断完善，干扰和抗干扰的方法和手段也不断发展，本节对抗干扰通信的各种方法和手段进行了详细的论述。

一、电子通讯抗干扰技术的工作原理

从专业学术上来定义，电子通讯抗干扰技术是指一切对抗影响通讯正常运行的技术。这类装备和技术的作用是保证通讯技术能够正常运行，消除电磁能和定向能控制对于正常通讯的影响；抵抗通讯技术中攻击电磁频谱手段，提高通讯技术对于噪音环境的生存能力，从而有效提升电子通讯技术的运转流畅性。抗干扰技术工作原理是抑制干扰源发生的干扰信号，切断干扰信号的传播途径，保持电子通讯信号传播不受噪音信号干扰。再者是抗干扰技术的实用性和可靠性较强，对于干扰信号的判断精确，对抗干扰的能力较强。能够解决电子通讯中面临的干扰问题，有效优化电子通讯系统的运行。

二、电子通讯常用的抗干扰技术

电子设备良好的抗干扰性为电子通信工程设备高效运行提供了保障，它与设备本身的运行效果、性能实现和操作人员的安全密切相关。随着电子产业突飞猛进地发展，各种功能和型号的电子设备不一而足，抗电子干扰性能也良莠不齐。如何最大限度地解决电子通信工程中的电子干扰问题，保障电子通信工程设备发挥其最大效能是该行业工程技术人员应该深入思考的问题。一点轻微的变化都能对电子通信造成很大的干扰。电子通讯抗干扰技术应用的目的是提升通信端口信号输出信干比，对于干扰信号能够迅速判断，提升正确信号的接受能力，保证通讯系统能够筛选过滤传播信号。抗干扰技术功能实现是要借助于信息处理系统、信息载体和信息传播平台。当前电子通讯抗干扰技术更新较快，常用的抗干扰技术主要有以下几种：①实时选频技术，这种技术的工作原理是测量通讯传输渠道中的特点信号。由于经过电离层反射后到达的接受信号的频率不同，可以直接判定接受信号的质量，实现了通讯设备信号换频的自动化切换，在信号传输条件优良的弱干扰频道上具有良好的效果。②高频自适应抗干扰技术，这类技术的优点是工作适应性较强，能够根据通讯条件变化来自主调节抗干扰信号设置，当前通讯技术快速发展，对于抗干扰技术提出了更高的要求。高频自适应技术实现了频率调整、功率转变、传播速率调整自动化，有效提高了选频和换频过程中的通讯信号优化，具有传播条件优良的弱噪音信道上具有良好的应用效果。③高速调频技术，这是一种具有规律和速度跳变的抗干扰技术，在宽频带范围内进行信号跳变。其具有抗搜索性能强大的功能，系统频率射频频谱的取值范围较宽。再者是抗截获性能优良，系统能够保持信号发射端和接收端的调频图像一致性，并保持两个环节信号频率值相对应。高频调频技术是未来电子通讯抗干扰技术的发展趋势。④扩频技术，其在电子通讯中应用呈现了以下几个特点。首先是载波是随机性的宽带信号，其带宽相对于调制数据带宽更加宽泛；再者是载波的带宽比较宽，其接受过程实现了本地产生的宽带载波信号的复制信号与接收到的宽带信号相连接。

三、电子通讯多途径抗干扰技术研究

在当前的电子通讯环境下，提升电子通讯的安全性和稳定性是研究热点。抗干扰技术应用不仅要实现单台通讯设备的抗干扰能力，同时也应当采用多元化的抗干扰技术。将整个通讯系统纳入到抗干扰系统中，提高对干扰信号的甄别和切断能力，实现工作信号的安全和通畅传输。

综合性信号处理抗干扰技术。在现代化的电子通讯体系中，信号处理要借助于通讯设备和传输原件共同完成。综合性信号处理抗干扰技术应用实现了对多重信号的甄别和拦截，尤其是对于干扰信号采取多种处理方式，有效拦截干扰信号。在抗干扰信号处理系统中，高频脉冲噪音是最大的干扰因素，其影响了信号接收的准确性，对于信号处理系统产生误导。因此要优化电子通讯系统，就应当从系统跳频、扩频、混合扩频、自适应干扰抑制、数据猝发、伪信号隐蔽、前向纠错等方面入手，增强通讯信号的随机性和时变性，使得通信信号更加多变化。同时要根据电子通讯信号的传播要求随机设定速率调频和自适应调频，提升电子通讯系统对于噪音信号的抗干扰能力。

天线和传播结合的抗干扰技术。电子通信信号传输要借助天线设施和传播路径来完成。无线通信系统中的节点是信号传输和接受的端口，系统中的中心和终端都是采用全向天线结构。这种结构保证了信号接受的全面性，能够将四面八方的信号直接汇总到接收机中，但是各类干扰信号也汇聚到中心台系统中。因此在天线接受和传播渠道中要设置抗干扰技术，通过天线自动信号调零和信号方位进行信号跟踪和甄别。甄别干扰信号的来源，通过不同方向的信号干扰比判断干扰信号的频率，并进行干扰信号抑制和切断。天线和传播结合的抗干扰技术实现了信号高宽调频，在信号多进制扩张的的基础上完成结构的自适应调频，有效抵抗了干扰引号的波动干扰，大大提升了单台电台设备的干扰能力。

抗干扰技术和对抗技术多途径应用。电子通讯抗干扰技术要采用对抗技术和抗干扰结合的技术方式。在发现和甄别干扰信号源头的同时，也要向这一信号传播源发射干扰信号，实现电子通讯抗干扰和干扰一体化。抗干扰和对抗技术综合应用实现了通讯和干扰协调统一的目的。在整个通讯系统中，信号发射借助于宽带射频天线，这种天线结构能够进行全向天线和自适应天线模式的选择。宽带变换器能够进行信号接受和发生的切换，利用无线电信号处理软件可以对数字信号进行加工，并控制发生信号和干扰信号的功率。根据不同的电子通讯要求来选择适应的干扰方式，在对抗干扰信号的同时也发射干扰信号。抗干扰技术中的电子支援板可以对各类通讯信号进行侦查和筛选，为信号控制提供数据参考，实现电子通讯信号抗干扰功能一体化。

总之，当前电子通讯技术多途径抗干扰技术发展要依托于微电子技术、计算机技术、网络通信技术，实现对干扰信号的甄别、截获、处理，强化对干扰信号的切断和反干扰能力，提升电子通讯系统中信号传输和接受的准确性。同时要采用多途径技术结合的方式来优化系统抗干扰能力，优化电子通讯设备的工作环境。

第七节　无线电通讯技术对汽车通讯的影响

随着时代的变迁，各种通讯设备不断的进步，必将对传统工业有所冲击和影响。而通讯技术、汽车电子技术的发展亦是如此，传统汽车行业与通讯技术的结合是必然趋势。本节将结合汽车的内部、外部，车间以及车路等方面，分析无线电技术对汽车通讯的影响。

一、无线电通讯与汽车构造之间的通讯技术

人类正在将无线电技术与传统汽车行业有机融合。人们不再局限于通过电视收听音乐、听新闻、听故事，也能通过汽车收听电台节目以及电子书等功能。无线电技术的应用大大的增加了汽车的娱乐效果。提高了健康旅行中的娱乐性和舒适性。同时，也给旅途增加了乐趣，消除旅途的疲劳。随着汽车通讯设备的不断改革，各类汽车无线电也越来越趋于人性化。清晰的语音识别功能、强大的娱乐设施以及快速合理的信息定位使汽车与无线电技术的大门正在逐渐打开。

二、无线电通讯对道路行驶的车辆的影响

车载雷达。车载雷达主要是防撞雷达。随着人们生活水平的提高，人们对车辆的需求也在逐步的增多。而随之带来的是每年的交通事故也在持续增加，给人们的健康旅行带来了很大的烦恼。而车载雷达的出现大大减少车辆相撞的肇事几率。车载雷达通过对前方进行扫描，将扫描到的信息及时的传送给驾驶员。帮助驾驶员做出正确的选择，有效地避免车祸的发生。

电子导航系统。电子导航系统对汽车行驶过程中的影响在于更加的快捷和准确。电子导航系统到过 GPS 全球定位系统从庞大的交通网络中选择出一条由起点、终点，要经过的途径点和需要避开的途径点，自动生成一条路线，用最少的时间到达目的地。并且会全程语音提示确保驾驶员的安全。当遇到交通拥堵时，电子导航系统会重新规划线路，快速整理出下一条线路，并且准确的到达地点。

车载 Wi-Fi。汽车与汽车之间的通讯技术也是靠无线电通讯来建立的。两车之间是由无线电接收装置来传达信息的，当车行驶在一个相对狭窄的范围内，人们不能很好的注意周围的环境，无法确定周围的车辆的数量、大小、位置的时候，此时就可以利用车载 Wi-Fi 对周边的车主进行视频或者语音通话，避免发生意外。此外，车载 Wi-Fi 还可以根据通信的距离划分。车辆通讯网络其中包括车域网和车辆自组网两大类。其中车域网的使用是通过使用传感器、电子标签等，与移动车辆之间建立局域网，并通过车载网络接入周

围的无线广域网。移动自组网络是在交通道路上应用被称为车辆自组网，它为行驶在高速的行驶车辆之间，很好的提供了一种高速率的无线通信接入方式。

车载无线电台。车载无线电台主要应用于公安部门、水利工程、铁路、航空、运输等行业。主要作用团体联络和工作指挥之中，无线电台主要以提高工作效率和沟通的局限和处理突发事情的紧急处理反应。在车载无线电台主要以接听广播电视、音乐为主，丰富生活乐趣，缓解情感压力。

车载无线钥匙。随着科技的进步，对汽车行业的影响也在变大。汽车钥匙也在不断的改变，由原始的钥匙开车门到现在的远程遥控钥匙开门，减少了钥匙开门的摩擦。遥控钥匙的工作方式主要有三种：主动工作方式、线圈感应方式和被动工作方式。其中主动工作方式是通过电子模板和车身控制模板来控制车门，只需要按下按钮发出指令，模板接受并且验证后，即可打开 / 关闭车门。线圈感应工作方式是通过加密芯片放入钥匙内，在开锁时通过车身射频收发器验证是否匹配来发动点火装置。即使钥匙没电情况下也能正常发动汽车。最后是被动工作方式，该方式只要触碰到车，就会发出识别信号。当发出的信号与所保存的信息相符合时汽车会做出相应的反应防止不法分子的窃取，以提高汽车的安全性。同时当发出的信号和汽车内部的消息相同时，车门将会自动打开。当驾驶员进入车内，只需要按一下启动键，汽车就会启动。同样当驾驶员离开汽车的时候，也只需要按一下门把手，进一步提高了效率，安全技能也得到了提升。

在网络飞速发展的当代，虽然中国的信息市场才刚刚起步，但是中国有一个庞大的市场，这对无线电通讯技术是一个极大的帮助。在这个科技引领未来的时代，科技又在不断地发展和创新，无线电技术在汽车通讯技术方向的发展必将拥有更大的发展空间。

第八节　煤矿通讯系统中应用无线以太网技术

煤炭开采过程中包含多个环节，包括煤炭开采、煤炭运输以及煤矿井下与井上之间的通信，任何一个环节都需要投入大量的人力和物力。尤其是在煤矿开采的过程中，既要保证开采的掘进速度和效率，又要保障井下工作人员的生命财产安全。关乎开采人员生命安全的一个重要工程就是通信工程。当前我国煤矿通信技术中最常应用的就是无线以太网。将煤矿通信技术与无线以太网技术结合，解决在煤矿开采工作中经常遇见的一些问题。同时，在煤矿的开采过程中应用无线以太网，还可以提高煤炭的开采效率，为企业创造良好的经济效益。

一、无线以太网技术的概述

在煤矿通信技术中会应用到无线以太网技术的很多个方面。比如，频道聚合技术、序列扩频相关技术以及正交频分复用技术等。在煤矿通信技术中应用无线以太网技术有很多优势，与传统的有线以太网技术相比较而言，该种技术的成本投入更低，有更强的抗击干扰能力和灵活性。而且无线以太网的应用效果更好，能够实现井下与井上的视频通话和语音通信。在煤矿通信过程中，以太网的应用既可以提高通信的效率，又可以保障通信的可靠性和稳定性。在应用的过程中还涉及对工作人员进行的定位功能、视频监督功能和移动通信的相关功能。

二、当前无线技术的研究现状

我国很多煤矿的通信技术在很大程度上运用有线通信的方式。我国很多煤矿井下的生产检测活动以及相关的生产监控活动、人员的定位功能等都应用到了这种技术。当下我国主要采用语音通信的手段进行井下的交流活动，通信效率相对而言也较低。而且当下多种模式的通信手段都不是特别完善，有很多技术都处于正在研究的阶段。无线技术主要包括以下几种通信模式：大灵通的通信模式、泄露的通信模式、透地的通信模式、感应的通信模式。其中透地通信以及感应通信具有较小的信道容量，这就会使得电磁对无线通信技术带来一定的侵扰降低可靠性，在一定程度上也阻碍了其发展。煤矿开采用的小灵通技术来源于通信网络技术中的 PHS 系统，该技术也成为了煤矿井下工作与井上通信的基础。与此相比，大灵通技术的工作波段较强，且有着较强的抗击干扰能力、移动能力，通话质量较高，稳定性较强，能够快速进行数据分组任务。但是，大灵通技术也有其自身的局限性，其功能较为单一，受到自然环境的影响较大。协议标准化程度不高，容易受到损害。因此，在应用的过程中不能单一的只应用大灵通技术。

三、煤矿通讯系统中应用无线以太网技术的应用方式

无线以太网技术在应急通信系统中的应用。煤矿行业由于其独特的工作环境而具有较高的危险系数，应急通信系统是煤矿井下作业必不可少的通信系统，关系到煤矿开采的安全性。因此，应当保持应急通信系统中的稳定性，保持井下与井上的实时通信。煤矿应急系统涉及众多通信系统，包括大灵通、有线通信等，地面的局用交换功能是通信系统在运行的过程中常常依赖的。在遇到一些紧急情况或者发生严重灾害的时候，井下电路会断开，电路会遭到不同程度的破坏，相关的井下设备也会受到相应的损坏。更为严重的可能导致井下与地面的局端设备发生失联，整个系统都会瘫痪，增加运行维护的难度和投入。而在煤矿的应急通信系统中融入无线以太网技术，就可以较大程度地缓解这种状况。VOIP 技术可以在煤矿应急通讯系统内部基站和手机在脱网的情况下依旧保持通信。煤矿开采的过程中遇到紧急情况会导致各种终端设备受到不同程度的损坏，而当应急通讯也同样遇到损坏的情况下还能保持实时的通信。就会给应急救援工作带来极大的便利，促进救援工作的高效进行。

无线以太网技术在人员定位系统中的应用。RFID技术可以实现人员的定位以及相关系统的创建等任务，这也是在煤矿通信系统中应用的一种较为传统的技术。这种技术的应用对于专业的系统和网络有着很高的依赖性。随着科学技术的不断发展，无线以太网技术的问世，其在实际的应用过程中也体现了独特的优势，逐渐受到行业相关研究人员的重视。无线以太网技术最先在海关和各大酒店中广泛应用，继而被推广应用至煤炭开采过程中来。在煤矿开采过程中的人员定位系统中应用无线以太网技术有以下几个明显的优势：首先，对人员的定位相对来说更为精准。其次，该技术可以利用场强以及信噪比对相关数据进行计算，并且能够严格按照协议规范标准应用到煤矿开采中的通信系统。在实际的应用过程中不需要单独设立网络和系统，就能够实现视频通信、语音通信以及数据的传输，有利于形成比较独立且完善的无线以太网技术系统。

无线以太网技术在风险监测系统中的应用。安全是煤矿生产的前提，在煤矿开采的过程中有很多潜在的危险。因此，对煤矿潜在危险进行全面的检测是很有必要的，有利于避免严重的人员伤亡，保障煤矿企业的稳定发展。在当前的煤矿开采过程中，煤矿的检测系统中包括瓦斯浓度传感器、有毒气体和粉尘传感器等。当监测物的浓度超标之后就会出现报警信号。目前上述的探测装置主要采用有线传输的方式，这种有线传输存在很大的弊端，发生意外事故或者断电之后便失去了监测报警的功能。而在煤矿开采过程中的风险监测系统中应用无线以太网技术，在传感器的探头上利用无线的方式进行安装，可以给井下的监测系统带来很大的方便，提高监测系统的稳定性。煤矿开采过程中会有瓦斯的泄露，当瓦斯浓度达到一定限度会发生爆炸等一系列危险。手持瓦斯检测仪是当前对煤矿瓦斯检测的一种常用的方法。携带较为方便，具有良好的性能，但是其检测的数据往往不能实时上传，无法实现共享。在手持瓦斯的检测仪器上应用无线以太网技术能够实现瓦斯检测数据的实时共享，当检测的瓦斯浓度出现超标现象时便于做出相对的应对措施。

无线以太网技术在煤矿开采自动化系统中的应用。自动化技术的发展和推广有利于节省大量的人力和物力，尤其是对于煤矿的开采工作来说。自动化技术既可以降低劳动强度，又可以提高开采工作的效率和安全性。当前煤矿的各个生产系统以及相关的监控系统都有了不同程度的自动化技术的应用。随着煤矿生产量以及监控设备的不断增大，传统的有限传输方式也逐渐暴露出一些弊端。比如在工作面位置和环境的影响下，链型的网络结构传输效率会大大降低。在架设线缆的过程中，如果井下的环境比较恶劣时，就会直接影响线缆的架设效果，进而影响煤矿开采现场的通信工作。在煤矿的自动化系统中应用无线以太网技术可以提供多种通信接口，如以太网、串行通信方式以及总线的通信方式等。这种接口与线缆相比较而言灵活性较强，且无线以太网技术的应用还可以创建比较全面的自动化系统，且实时监测，数据的传输更加快捷方便。在煤矿开采的自动化系统中无线以太网技术的应用还可以促进子系统和相关设备的应用灵活性。在接入方式上也比较方便，提高了整体的可靠性和稳定性，促进煤矿开采的高效进行。

当前我国煤炭行业的发展较为迅速，煤矿企业对开采的质量和效率都有更高的要求，煤矿开采过程中的技术以及相关的设备都应当跟上时代的发展。无线以太网技术在煤矿开采过程中的应用，可以提高煤矿产业的安全稳定发展，对于提高煤矿开采过程中通讯效率。进行精准的人员定位、降低开采的风险系数、提高煤矿开采的自动化程度都有着积极地促进作用。因此，相关的研究人员应当重视煤矿通讯系统中无线以太网技术的应用，促进我国煤炭行业的发展。

第七章　电工技术

第一节　应用电工技术与实训技能

应用电工属于特殊工种，高校培养的电工人才必须具有合理的理论知识和实践思维能力，这是当今社会对电工人才最基本的要求。这门课程主要培养学生三个方面的能力，即实践能力、抽象思维能力和逻辑推理能力。本节主要论述了如何提高对电工人才的教育和培养人才的多方面的能力，提高学生在电工方面的专业技能和专业素质。

一、电类专业学生教育存在的问题

（一）教学内容太刻板导致大多数学生不理解

《电工技术基础与技能》是电工学重要的基础课程，这是一门理论与实践融汇贯通的学科。由于其教育内容抽象复杂太过刻板，让人难以理解它复杂的原理，所以在教学过程中教学难度大。学生掌握这部分的知识很吃力，将其理论知识运用到生活中也十分地困难。《电工技术基础与技能》的基础和功能主要包括在室内照明控制电路、电动机、低压配电装置、线路和有线直流电路、简单直流电路、复杂直流电路、电与磁、交流电路、电容器、变压器等内容。虽然只是一些基本的概念和知识，但是对于才接触这门学科的学生来说，还是太过于抽象，很难理解和掌握。

（二）不能将理论知识与生活实践紧密结合起来

在大部分学校对电类专业的教学过程中，教学方法往往很单一刻板，过分强调电气技术的基本原理和技能课程基础知识的解释，却忽略了理论知识与实践之间的联系。导致理论知识与实践相互脱节，枯燥乏味的理论知识根本无法调动学生的兴趣和积极性。一味地强调电工学科理论知识的重要性，让一个实践的课程变成了一门死记硬背的学科。这样一来，学生们就无法掌握重要的知识也减弱了学生的主观能动性。

（三）缺乏电工类实训课程、平台和专业的实践仪器

我们在电子教学中应用最多的是理论与实践的结合，实践出真知。我们只有将所学到的抽象的内容通过做实验去理解和巩固，才能理解它的原理从而灵活运用。对于一些实验

条件较差的学校，缺乏相应的专业培训课程环节、平台和专业仪器，导致相当数量的实验只能在黑板或书本上进行。缺少教学的互动性，直接影响教学的效果。许多教师只能给学生讲枯燥难懂的理论知识，不能满足学生去参加实际技能的培训，导致学生们无法理解其中的原理。

二、如何提高应用电工技术与实训技能

（一）提高学生的专业技能和教师教学的积极性

我们应该把学生作为教育和教学环境的主体，在每一次课程和实践中充分调动学生对该课程的兴趣、自学的积极性、实践成果的自身培养，以及培养学生吃苦耐劳的传统美德。这就要求教师要多方面的鼓励和激励学生，当学生在进行实践环节时，多把学生当作实践的主导群体。尊重他们的兴趣爱好，满足他们的内在需求，进一步增强他们的信心，帮助其完成实践任务。同时还可以带领着同学们参观和考察有关电工的工厂和企业，了解情况，增加知识，增强信心，提高学生们的兴趣和积极性。

（二）学校应加强电工类实训环境的改善

随着现代实训室的发展，我们不断地调整我们的教研室，实训室建设方向要注重实用性，尽量使它适应企业的建设环境，让学生们在实验室处于一种真实的企业电工环境中。同时，应进一步完善教育设施。学生在训练中要注意培养自己熟练的操作技能，充分地利用校园内提供的场所和实验室等原有的实践基地，保证每个人在教育过程中都有自己的位置，保证自己有实验可做，有实验去探究。为学生创造实践的空间和舞台，让学生在学校培训过程中可以模拟企业的电工生产环境，进一步切身感受电工课程的魅力。

（三）加强学生在实践过程中地自主探究能力

学生可以独立设计电路，在设计过程中与其他组员讨论，制定出最终的电路设计方案。在这个过程中，学生们既可以发挥个人的能动性，又能培养团队精神。学生交流互学后，由每个团队的代表展示组员设计的电子电路方案。然后教师和学生共同探索优化设计出来的电子电路方案，帮助学生形成科学的思维方式。在讨论出来的几种新方案中，分析每种方案的利弊，探讨原因，最终选择最完美的方案。最后，在老师的带领下开启下一次新的课题。

（四）积极提高电类专业实训教师教学水平

决定教师质量的主要因素是教师的实际教育能力和水平。在当今的社会发展中，教师不仅要带领学生取得实践教育的成果，还应该将自身发展成为学习理论和实践理论的"双重教师"。实践教师不仅会教给学生有关的专业知识，还具备及时发现问题、处理问题、分析问题、总结问题、找出弱点的能力。从开始教学生们简单的专业技能，到后来知识程度逐步加深，都能让学生们很好地掌握和运用。最后，掌握和使用知识是学生们的自由，

达到专门的知识教育才是教师教学的最终目标。因此，专业课教师要不断吸收新知识，提高创新实践的能力。在实践教学中运用教学技巧，积极参与企业实践活动。只有教师和学生们一起不断地进步学习，才能培养出学生们更好的专业实践能力。

实践是检验真理的唯一标准，探究式教学则可明显激发学生学习该课程的兴趣，使学生能学会自主分析问题、解决问题，并提高学生们的动手能力。因此，在今后的《电工电子技术基础与技能》课程中，教师可以在传统教学模式的基础上辅助运用探究式教学模式和理论与实践相结合的方式来培养学生的实践能力、动手能力、创新精神以及研究能力。使学生能在探究式学习中不断对问题进行分析、讨论、探究，提高学生在电工方面的专业技能和专业素质，为国家培养更多的电工技术人才。

第二节　电工技术的改革创新探析

电工技术发展进程中，已经经历了一定的历史时期。新型的电工技术的出现，改善了传统电工技术中的不足，并且运用到我们的实际生活中，使得我们的当前的生活水平有了质上的提高。下面结合当前电工技术的现状做了简要分析，并提供了一些创新性的措施，以供参考。

当前随着科学技术的不断发展，电工技术被运用的领域更加广泛，如交通运输、工业品生产及电力制造业等。电工技术的广泛运用，对于人们日常生活和工作有了更积极的作用，同时也在一定程度上促进了社会发展。而电工技术的创新作为适应新环境必不可少的一项工作，同样不容忽视。

一、电工技术发展进程

电工技术起源于 19 世纪 30 年代，由于电工技术在生活中的运用，使人们步入了电气化时代。同时，与电工技术相关的工业品也开始广泛生产，并被人们运用到日常生活中。20 世纪，电工技术有了进一步发展，并开始运用于食品和医学等领域。电工技术与化学、物理等学科相结合产生了新的学科，并且被相关院校应用到实际教学中。然而，电工技术在不断的发展过程中也存在一些问题，如电工相关工作人员的综合素质比较低，技术更新不及时，相关电工技术管理技术不规范，电力设备陈旧等。这一系列问题的出现，导致电力技术工作在正常发展和寻求创新问题时都面临一定压力。

二、电工技术发展现状

电工技术发展到现在，在多个领域已经取得了很大的贡献，而且为人们的日常生产生活带来了很大的便利，使得人与人之间的联系更加密切。随着电工技术在我国发展中已经取得了一定的成就，这些先进的技术也在人们的日常生活用品中得以体现，如手机等职能产品触摸屏、中小型电机、变频器和 PLC 设计等新型技术上。但是就整体水平而言，与其他国家相比较还有一定的差距。这种差距不仅体现在工业产品生产中，还体现在新型的技术创新和研究领域中。

三、电工技术的改革创新措施

纵观事物发展规律，新事物的出现总会占据生存优势，而旧的事物往往会被取代或淘汰。对于电工技术发展而言亦不例外，为满足社会的发展需要，电工技术只有不断地发展和技术上进行创新，才能更好地为人们服务，得到大众的广泛认可，并且为社会创造一定的经济价值，促进人类文明的健康发展。

（1）电工技术在相关领域的创新：首先是生产领域的创新。一定程度上科学技术的发展能够转化为生产力，而相关工作人员也遵循这一理念，将更多科学技术切实得以运用，为人们进行更好服务。如新型的磁性材料和超导技术则是在电工技术的基础上发展来的。从而减少了核磁共振生成图像的费用，继而在多个领域得以推广。医学方面运用则是使用其超声波技术，可以对于结石病人进行手术的治疗，使得我国医学技术水平有了进一步提升。其次是驱动领域进行有效创新。目前，在机械领域，使用电动技术更加普遍，如电力公交车和电动汽车或摩托车等。与电工技术相关的生活产品仍在多向扩展。依照当前发展趋势而言，不久的将来，电工技术相关的产品将会占领优势地位，从而替代以牺牲环境为代价的汽油等化学原料，从而保证社会稳定、健康的发展。

（2）绿色能源在电动技术中的应用：电工技术未来发展过程中，如果考虑到长久的需要，则要认识到在发展中对于我们生存环境带来的影响。未来发展中则会更注重电工技术绿色能源的开发，如水能、风能、太阳能和地热能等。而一些对环境有破坏性的资源如石油、汽油等燃料等将会逐步被摒弃。因此绿色电工技术的开发和应用更更符合未来社会的发展需要。电力技术作为一项与社会发展息息相关的工作，也引起了相关部门的足够重视。相关政策也引导和督促电工技术研究部门开发绿色能源技术，以保证在不破坏当前生存环境的基础上，满足人们实际生活的需要。

（3）培养一批高素质电工技术人员队伍：电工技术经过长时间的发展，当前已经被运用到了多个领域，而且专业知识也有了深层次的提高。特别在一些高、精、尖等产品的运用上，对于电工技术人员的专业知识和素质有了更高的要求。因此，迫切需要培养一批有专业知识的人员，来解决实际生活中遇到的产品问题。同时，要求电工技术人员具备一定的英语知识和一定的阅读、理解能力。对于先进的国外经验进行及时的吸收，以便在解决问题的同时，可以对技术进行有效的创新，符合发展的需要。此外，要培养电工技术人员的创新能力。经过以往的实际经验可以认识到，一位优秀的电力技术人员，只有不断学习新的知识，并在工作中发现问题并进行一定的创新，才能将一些先进的理念运用到产品中去，为人们的实际生活提供更好的产品服务。也只有在工作中不断地进行创新，才能符合新的发展需要，从而不被现实淘汰，实现自身的价值。

总而言之，科学技术的发展有利于提高我国的生产力，从而能提升我国的综合实力。而电工技术作为我国科学技术发展中一个必不可少的组成部分，足以引起相关部门的重视。在电力技术发展过程中只有不断创新，为其提供一个稳定而可持续发展的环境，才能提高电力技术的水平，从而在激烈的国际竞争中处于优势地位。

第三节　电工技术在电力系统的实践性

如今的社会已逐渐步入科技信息化的时代，各行各业都在发生着潜移默化的改变，传统的经营模式、生产方式被逐渐取代。随着电子信息技术应用的不断普及，电子电工技术也开始被广泛应用，其在电力系统建设中的应用实践成为当前电力系统研究较难的课题。文章分析了电工技术的主要特点及积极影响，总结了其在电力系统中发挥的重要性。在此基础上讨论了电子电工技术在电力系统中的应用问题。

电子电工技术是近年来才开始兴起的一项新技术，是由多项专业领域知识概念相结合而成的综合技术。它在电力系统中的主要作用是有效地提升能源供应效果。目前，我国正处在科学技术和社会经济飞速发展的重要阶段，国家发展建设所需要的能源也是越来越多，而电力行业则是我国现阶段能源供应的主要行业，它的行业进步对我国的发展和建设有着极为重要的影响。同时，电子电工技术的应用，能有效地解决当前我国能源不足的问题，推动整个电力系统的运转，促进我国电力事业更好地发展。

一、电子电工技术特点

随着我国经济的发展，传统电工技术已无法满足当下电力系统日益增加的需求。因此研究人员需要对更加科学实用的电工技术进行探索，最终把电子信息技术与电工技术相结合组成电子电工技术。相比于传统的电工技术，它变得更加合理高效，同时具备了诸多特点。

（一）集成化

现代的电子电工技术对技术上的要求十分严格，在操作上也十分精细，它要把所有的单元器件全部安装到一个小小的基片上，并使它们并联起来，从而实现高度的集成化。相比于传统电工技术在零件单独性地安装，电子电工技术的成品更显整体性。

（二）高频化

提高电子电工产品的频率能够提高工作效率。如电力晶体管只能在 10 kHz 的频率条件下正常运行，而绝缘栅双极晶体管则能够在高于 10 kHz 的频率条件下正常运行。如此一来，便可以大幅度提升成品器件的运行速度，以此提高整个系统的工作效率。简单来说，高频化就是器件本身可以承受更高频率的能源输入，并将其转化为自身的效果输出。

（三）全控化

电子电工技术的全控化是在电力系统应用中的一项重大的突破，它主要表现为半控型普通晶闸管在电力系统中的位置被现代化的电气元件所取代。这一突破推动了现代电子元件替换传统电子元件的进程，大幅提升了整个电力系统的运行效率。同时简化了线路设计，方便了相关工作的开展和进行。

二、电子电工技术应用的必要性

（一）电力系统安全稳定的需要

电子电工技术相比于传统的电工技术，它具有的电能优化整合的优点使得电力系统的整体性能大大提高。同时它还最大限度地提高了电能的利用效率，减少了电力系统的能量损耗，为电力企业节约了大笔资金，这也是电子电工技术被大规模推广的主要原因。

（二）电力行业向高端行业发展的必经之路

随着我国科学技术的不断发展，各行各业的传统工作模式必然会有所改变，电力行业也不例外。现代电子电工技术是基于计算机网络实现的，它将高端的电子技术和传统的电工技术结合，并加入了计算机网络控制技术，从而实现了电力系统行业的机电一体化。既简化了操作步骤，同时也更好地保证了工作人员的生命安全。这是一次具有里程碑意义的系统革命。

（三）创新发展的必然选择

纵观历史，无论各行各业，墨守成规、闭门造车终究不会有好的结果。不懂得创新，跟随时代的脚步寻求突破，其结果也只是被历史飞驰而过的滚滚车轮所碾压。就目前情形来看，电子电工技术是当下最适合电力系统行业追求应用的一门技术。它集时代性、创新性、科技性于一体，符合时代潮流。同时具有明显的后续发展性，有利于产业进一步的发展突破。因此，电子电工技术的应用，是电力行业在当今时代寻求发展创新的必然选择。

三、电子电工技术应用带来的影响

（一）有效提高电能利用率

电子电工技术在电力系统中的应用，极大地提高了电力能源的利用率，使电能的使用分配变得更加科学合理。不仅能够保证系统合理正常的运行，同时还能优化电力系统中各项资源的分配设置，从技术层面为电力系统的高速运行提供了有力的保障。

（二）促进机电一体化发展

科技的发展带来了各种各样的现代化技术，它们在各行各业的投入和使用，促进了其行业的产业发展，电力行业也是如此。电子电工技术以计算机网络技术为基础，形成了机电一体的新型操作模式。既加快了电力系统的运行速度，同时也为工作人员的生命安全提供了更加坚实的保障。

（三）三促使电力行业向智能化发展

智能化发展对电子电工技术也有着一定的影响。当电子电工技术被应用到电力系统中后，这一影响带来的变化开始变得尤为突出。为了满足电力行业与时俱进的发展要求，电子电工技术也开始向智能化方向转型。二者相互协调统一，使得电力系统能够快速发展。

四、电子电工技术的应用实例

（一）发电环节

在发电环节，电子电工技术的主要作用是提高发电机组的使用效率，同时改善其传统的运作模式。目前，主要涉及电子电工技术并被广泛应用的设备有静止励磁、变速恒频励磁、机泵的变频调速器以及太阳能系统等电力系统的发电环节设备中。

（二）输电环节

在输电环节中，许多技术和设备的应用也都涉及到了电子电工技术。如输电技术中的柔性交流电输电技术和高压直流电输电技术，极大地增强了电流在输送中的安全性和稳定性，同时降低了企业的电力运输成本。还有电子电工技术中的静止无功补偿器，它能够以晶闸管为基础代替传统的电气开关，准确而迅速地控制用电设备。只是该设备对于技术研发层次的要求较高，以我国目前的科研水平难以达到，其尚处于研发阶段。

（三）配电环节

电能质量的控制是我国当前配电环节最急需解决的问题。配电本身是一项极为复杂繁琐的工作，它涉及到配电系统在电流、电压、频率等各个方面上的把控，需要极高的技术要求。而电子电工技术在配电系统上的应用能够在一定程度上解决这一问题。它简化了操作系统，提高了配电过程的安全性、稳定性，从根本上保证了配电的质量。

随着电力系统行业的不断发展，电子电工技术将会被更加广泛深入地应用。我国的现阶段的电子电工技术仍在不断的研究，距离世界一流水平还有着一段很长的路要走。电子电工技术在电力系统方面的应用方面，需要我们加强科学讨论、努力建立理论基础、大力推广科技创新，以此加快我国电子电工技术在电力系统的应用，共同为国家电力产业的发展尽一份力。

第四节　电工技术的发展与电磁兼容性

我们都知道，在高速发展的今天，技术应用水平的提升代表着工程建设质量的不断升高。由于电工应用会给环境带来一定的电磁问题，电磁环境恶劣会阻碍电工技术的进步，从而导致我国经济建设受到阻碍。所以说，利用科学有效的方式改善原有的电工技术应用，能够很好地保证技术应用环境，更重要的是可以确保我国社会的稳步建设。本节主要论述的就是电工技术的发展和电磁兼容性的改变。希望通过全文的论述，能够给我国相关部门提供有价值的参考。

一、电磁兼容概述

提升电工技术应用水平至关重要，然而要想保证电工技术能够持续稳定的使用，就应该消除电工技术应用而引起的电磁干扰问题。目前使用的最有效的方式就是电磁兼容技术。这项技术的应用，能够确保电气设备的使用更加规范和统一。

要想深入明确电磁兼容技术的应用重要性，首先应该理解什么是电磁兼容技术。所谓的电磁兼容，就是一种能够确保电气设备顺利使用的电磁环境。这种环境是和电气设备相互兼容，以提升电气设备的使用效率。也就是说，使用电磁兼容技术，在电磁干扰的情况下提升电气设备抵御信号干扰状况，确保电气设备的噪声不受到损害。一般情况下，目前使用的电磁兼容技术并不是单一一种形式，主要分为电磁信号、电磁噪声和电磁干扰三种方式。应用这三种不同的方式需要应对不同的情况，只有使用最合适的方式，才能提升电磁兼容技术的应用效率。但是电磁兼容趋势的形成需要满足两个条件，首先应该保证电气设备拥有一定的抗扰功能，也就是说保证电气设备的电磁敏感度极高；其次，由于电气设备应对电磁干扰是有限制的，所以一旦电气设备达到相应的峰值就能够确保其不会改变。

二、电工技术领域中的电磁兼容现象

提升电气设备的应用效率，不仅能够促进电工技术的发展，更关键的是可以提升我国人民的生活和生产质量。所以应该重视电气设备的使用环境，防止电气设备安全性受到威胁。由于电气设备受到的电磁干扰具有不确定性，发生的电气故障一直处于随机的状态。但是即使这样，电气设备具有自行恢复原功能的特点，也就是说一般情况下电磁干扰对电气设备的损害程度比较低，这也可以说明电磁兼容具有很好的保护作用。下文主要介绍的是不同种类电磁兼容的应用技术：

电动车。电动车的出现是目前社会上环保理念的普及所导致的。为了更好地提升环境质量，就应该重视电动车等不需要燃料供给的交通工具的使用。电动车最大的特点就是没有内燃机，所以不存在尾气排放情况。正由于此，环保事业才能持久发展。电动车能够有效改善空气质量是众所周知的，但是使用电动车还能造成电磁环境的干扰，这种电磁环境的改变却没能得到人们的关注。通过实验证明，针对汽车而言，内燃机会对电磁环境造成影响。随着电磁噪声的增多，汽车数量也会随之而呈流线型增加。而使用电动车虽然不存在内燃机和点火系统，但是即使是这样，电动车中低电压驱动系统和控制系统也会对电磁环境造成干扰。所以说，改善电动车的电磁兼容问题是非常关键的。

高压输电线路。使用高压输电线路能造成电磁干扰最主要的原因就是高压输电线会出现电晕、火花放电、工频电磁场等情况。这样一来，高压输电线路影响电磁环境就会带来一定的危险。如果不能正确操作，电磁干扰强度会随着电压等级上升而变化。如果电磁干扰强度达到一定值，就会出现危险。所以说，应该对电气设备提高至更高的电压要求，防止出现电压危险造成不良影响。

电牵引系统。所谓的电牵引系统就是泛指从地面获取电能，比如城市电车和地下轨道等电气设备，都是从地下获取电能从而供应其正常运行。但是电牵引系统会出现连续的电磁噪声和脉冲噪声等不同形式的电磁干扰现象，从而污染电磁环境。

三、电磁兼容问题解决方法

解决电气设备的电磁兼容的首要条件是，找出电磁干扰的发出来源。一般来说，产生电磁干扰的主要原因可以分为四个方面：电源传导 P(f) 干扰、信号传导 S(f)、电磁辐射 E(f)、地线传导 G(f)。将各种干扰用统一的 N(f) 来表示，那么 N(f) 的值就等于以上四种干扰值之和。电气设备的电磁兼容性能主要包括经电磁兼容设计之后设备增加的电磁兼容门限，以及自身设备本来所具有的电磁兼容门限这两个部分。不同的干扰源对设备的安全余量的要求也各不相同。

在改善电磁兼容问题的时候，要提早进行电磁兼容设计，因为初期设计手段越多，从而会提升后期效果，而且费用也会相对较低。要想保证电磁兼容设计合理，一定要确保设计满足以下三点要求：第一，使得相应的电气设备干扰强度低于固定的限制值；第二，保证电气设备中的电路不会相互干扰；第三，确保电气设备能够应对周围产生的电磁干扰，并且对电磁干扰有一定的抵抗能力。

四、电磁兼容的发展趋势

城市的电磁能量密度不断增长，所产生的的电磁干扰也会进一步增加，会产生一定的电磁环境污染。因此，电磁兼容技术发展趋势则是严格控制电磁干扰的释放。与此同时，随着电了信息网络技术的不断发展，信息系统也和电气设备有了交叉学科，因此基于电子信息系统的 TEMPEST 技术也将会是电磁兼容在电气设备领域中的发展趋势之一。TEMPEST 技术的主要内容是针对电子设备的电磁干扰问题和信息泄露问题。最后，从电气技术领域出发，电磁兼容学科范围将不断扩张，进一步涉及电子技术等专业。因为电磁兼容的问题会逐步对电气设备周围的环境产生影响，有些专业学者则认为电磁兼容学科将会发展为环境电磁学。

随着技术的普遍，电磁兼容问题出现频率也逐渐升高，而本节主要探究消除电磁兼容问题的措施，希望可以真正意义上改善目前的现状。利用电磁兼容技术能够很好地消除由于使用电气设备而引起的电磁干扰问题，不断规范电气设备的使用，为提升电气技术的应用提供了良好的前提。重视电气技术应用和电磁兼容是非常关键的，不仅仅会影响到技术的应用环境，更重要的是会影响国家经济建设水平。总而言之，要想提升电气技术的应用水平，就应该利用科学有效的方式提升电磁兼容技术的应用范围和效率。只有这样才能够从根本上消除电气技术应用带来的电磁干扰问题，才能促进电气技术的广泛使用，从而提升我国的经济建设水平。

第五节　当前对维修电工的技术要求

新技术的不断生成给我们的生活带来了许多的便利，同时我们为了提高生活质量，也引入了很多的家具电器。这些家具电池的应用必然会存在维修上的问题。但是网络时代的快速发展，让维修工面临巨大的问题。这些挑战并不仅仅是对于维修技术的挑战，而更多方面是对于维修工人素质的一次挑战。如何能够更好地解决这些维修问题。能保证一些期间的正常运行，是当前主要的维修问题。目前为了改善这种情况，首要的任务就是提高维修工人的技术含量，还有他们的知识储备能力。

本节我们将简单的介绍一下，维修工人在以往维修过程中和现代维修过程中的差异。以及需要改正的一些方面。从以往社会中维修工所获得技能情况来看。普遍的现象就是技能获取的方式比较落后，技能存在的形式也比较单一。还有就是没有能够跟紧时代的步伐及时的修改自己的技能和丰富自己的知识。所以在现代的时代下，我们更希望一个维修工能有更高的素质和涵养。在储备丰富的知识之下，能够进行更为精美的维修工作。

一、以往社会中维修工所获技能的情况

（一）技能获取方式的落后

根据中国的技术传授方式，以往的传授方式，只停留在口口相传、师徒相传的层次之上。然而随着现代社会的进步，这种方式已然行不通。现在都是面临网络时代，各种信息技术。那么根据以往的经验，像是口口相传、师徒相传的技能传授方式显然是有弊端的，因为这种方式所面临的维修范围狭窄。新技术的引用又不在他的范围之内。这样对于维修工来说，在技能上存在缺陷。技能范围不扩展。对于维修一些。用品将会存在问题。这也

将会对他们的。工作。带来阻碍。从另一方面对于我们请维修工的家庭来说，可能也会存在一些隐患，不仅是会花费了钱财，并且会在维修上存在一些争议。造成一些不必要的冲突和矛盾。所以在新时代我们需要有更高素质的维修工来进行这项工作，能确保把这项工作做到完美，并且保障我们的安全。

（二）技能没有与时俱进

以往社会中存在的主要现象是维修工。首先普遍的工资较低，他们的人均素养也不高，掌握的知识也不够。这样在他们学习技能的途径中造成了很多的阻碍，使他们不能拥有更高的、更精湛的技术。还有就是维修工人，对技能掌握的重视程度也不够。仅满足于现有的技术去运用于各种场所，但是没有了解新技术的产生可以带来更大的效益。不仅能节约时间，还能节约金钱。在安全和质量上都有较高的提升。例如现在的维修工，如若还停留在上个世纪，那师徒相传的那些技巧固然是人类智慧的结晶。但是由于新时代的发展新技术的涌现。一些新的机器和一些新的方法能够更快的维修工具。不仅解放了劳动力而且能够在时间上极大的缩短。这些现象的出现主要就是由于维修工人在潜意识中，并未意识到技术的提升是一件非常重要的事情。还有就是运用新技术和新的作业工具也是技术提升的一方面。所以想要真正的改变这种现象，那就需要提升维修工人这方面的意识，他们具备自主学习新技术和新器械的能力。

（三）获取技能的单一化

在以往的过程之中，维修工人在技能上的获取方式途径单一。而在现在多元化的社会上，我们需要拥有一种能力，能够从多方面去获取技能，并将这种技能运用到我们的工作生活中。这是一种素养的提升也是我们维修工人需要改变自己的地方。在现在这个信息非常发达的社会中我们获取信息的方式也是多种多样的，不会再拘泥于单一的途径。单一获取知识的途径缩短了维修工人们就业的面积。现在所维修的器件不仅仅局限于家具桌椅板凳等。这些简单的物件了。现在由于各种新的家具的引用。我们现在更需要的就是技术型的维修工，能够对我们损坏的一些家电进行维修。这类很有专业性的维修工在市场上是非常急需的。他们如果能够完成这些高难度的工作，那么它们自身的知识涵养一定很高。他们在技术的获取上可能会了解一些电学，知道物理结构的单线等等。所以现在的希望就是维修工人在获取知识的途径上能够有所扩展。

二、在新世纪新时代里维修工的技能提升方向

（一）扩大技能学习途径

根据以往的学习方式，我们可以通过报考一些职业学校进行相关方面的学习和了解。这应该是大部分维修工会选择的途径，因为这种途径他可以教授我们更为广阔的知识，并且在应用方面也能够做得更好，这样也会避免很多的麻烦。因为自学的过程中会遇到很多

的困难，也有很多的困惑和不解。所以说自学是一个很艰难的过程。现在的维修工他至少有一些简单的工作需要完成。因此没有这样大量的时间去进行学校的进修。那他可以选择一些新的途径进行学习。现在网络非常的发达，网上学习也是一种热门的途径。我们可以很好利用这种资源进行网络自修学习。但这种学习途径有唯一的缺陷就是自学能力要求很高，对自我的监控能力也要求很高。以往传统的师徒相传的方式并不是说现在就已经淘汰，只是在形式上很传统。在时间的利用上也比较慢。但这种形式并被抛弃。因为有经验的大师，他总会有自己的创新，这样就可以交给新的维修工让他们能够更好更快地入门。总之。对于维修工来说，如果想要扩大自己的学习途径，方法还是很多的，这就需要你能够专心的学习，并勤于实践。

（二）提高技能的创新意识

由于现在技术的不断发展，我们需要维修工，所做的并不仅仅是简单的维修家具与工作，而是对于一些电器的维修。这样的话，就不能仅限于传统的技能方面。现在的社会，一切都在讲究创新，因为创新会使社会进步，创新能给人们带来更好的生活，所以在各方面人们都会要求创新上的进步。中国的工匠精神是我们一直在传承的，相信我们的维修工人也会有这种坚毅、吃苦的精神、能够在维修方面创造出自己的一片天地。

（三）丰富技能的多样性

我们知道技能丰富是非常重要的。一项技能，他能够完成一样工作，但是多种技能的组合他就可以完成上千种工作，这就是我们所说的重复利用。多样组合的重要性。首先我们一样也是需要维修工人能够在这方面有所意识，将技术修炼的更加精湛，能够更加随意的组合和利用。这样在施工的过程中维修工人可以很随心的将最简便、最快捷的方式以及最安全的结果呈现给大家。既然技术需要丰富多样，那么我们所需的知识也需要丰富多样。这就要求维修工人在自己的知识储备上也需要丰富多样，他们需要学习的内容也非常的广泛。因为在维修的过程中遇到的不仅仅是一方面的知识，而更多方面的知识需要更多知识的融合与贯通。

以上就是我们对当前维修工人技能的分析和认识。对以往维修工人在技能上获取途径的单一性技能没有创新性，还有相关知识的缺乏，我们都有所了解和认知。我们希望现在的维修工人能够有更高的技能，在知识的获取途径上不断丰富于拓展，不断提升自我能力。

第六节　电工技术实践中常见故障分析

电工学实验室是电工技术的重要培训场所，是教学生电工学相关理论课程的基地。学生在这里不仅学习到理论知识，还可以进行实践操作，提高技术操作水平。但在实验室授课，由于学生的人数比较多，很有可能存在设备短缺的问题，加之学生的实验设备操作不够规范，或者对实验的操作过程不是很熟悉，就会存在操作失误的问题，导致实验失败。电工技术教学的效率要有所提高，对于电工实验中所存在的各种问题要逐一消除，提高电工技术实验质量和效率。

一、电工技术实验中毫安表的故障问题以及解决措施

直流毫安表主要安装在电气技术实验设备上，在数字直流毫安表的安装和外部接线时对技术没有很高的要求。即便接线不正确，电流表上会显示出来。数字直流毫安表有三个端子，两个正极、一个负极。其中负极处于顶部的位置，两个正极所代表的是两个不同的电流值。A 极的电流值要小一些，是"0"，其他的两个中一个是 2 毫安，一个是 20 毫安。其中，20 毫安的 B 端有很大的电流数值，分别是 200 毫安和 2000 毫安。直流毫安表运行的过程中，所存在的故障如下：

当直流毫安表产生故障时，电压表读数但电流表不读数。出现这种情况时，很有可能是由于连接线路过程中正极柱的连接错误，量程的选择不正确，已经超过电流表可检测的数值，使得电流表不能发挥作用。当有这种故障产生的时候，要将电源快速切断，修复接错的电路，正确连接，问题得以解决。

电流表的小量程读数，但大量程不读数。当出现这种问题时，是由于对应大量程的小电阻值存在问题。电流过大，随着绕线焊接处氧化电阻值产生变化，电流表上显示的数字也发生变化。如果出现严重的氧化问题，信号接收不良，就会出现大量程不读数的问题。需要采取的措施是卸下绕线电阻，清理端口之后重新焊接即可。

电流表的按钮不能很好地发挥作用，这是较为常见的。当存在这种现象时，就要检查是否存在电流表的量程切换过于频繁的问题。由于按钮长期使用出现了老化，也会导致按钮失灵。当电流表存在这种问题时，在没有原件的情况下，按下按钮不能自动弹回，可将按钮拉到原来的位置。如有原件可将老化按钮更换即可。

二、电工技术实验中直流稳压电源的故障问题以及解决措施

电工技术实验中直流稳压电源存在故障问题时就要认识到可调电源的重要性。对于不同的可调电源，要对故障具有针对性地分析，提出解决措施。可调电源主要包括可调电压源和可调电源流两种。

（一）可调电压源的故障问题以及解决措施

可调电压源的故障问题主要体现在电压源的输送电压调节范围发生了变化。由于范围变小了，就必然会导致一些问题产生。电压源的正常输送电压范围在 30 伏以内，在这个范围内是可调节的。如果电压源存在故障调节范围就在 10 伏以内了，此时如认真观察可以发现，两条路线不会都出现问题，通常是一条路线存在问题。此时就要对两条线路上所连接的电路板进行检测，对存在的问题加以确认。电路板没有问题之后，就要对电位器与

电路板之间的连接线进行检测。在检测的过程中，采用排除法效果是比较好的。电位器的检测过程中，对产生故障的位置确定下来之后，更换已发生损毁的零部件即可，可以排除故障。

（二）直流电流源不能对外提供电源的故障问题以及解决措施

存在这种故障问题的主要原因是，当电源流量开关已经打开时，如持续很长时间都没有外部负载，此时电源的流量对大负载不具有承受能力，电路中所安装的保护装置不能起到很好的保护作用，此时电源流量不会向外部传输功率。这种故障问题需采取措施是将电源拔出、冷却，将原有的记忆消除。当故障排除之后，电源恢复正常状态。此时，电源启动，将外部负载接好之后就可以正常使用了。

在电源的检测过程中，还要对电源进行技术维护电源，但需要严格按照原则进行：其一，对电源的开路要采取必要的防止措施。当电源持续开路状态时，时间过长，连接设备的线路过热，就会将设备烧坏；其二，对设备所处的运行状态进行观察，如在运行过程中产生故障，就要及时将设备关闭，特别是总开关要关闭。当设备运行停止后，就需要明确故障所在位置，采取相应的维修措施。

三、电工技术实验中受控源的故障问题以及解决措施

电工技术实验中，受控源产生故障是比较常见的。需要对相关的问题进行分析，采取有效的解决措施解决。

其一，当受控源处于带电的情况下，实验中所获得的数据信息不够准确。此时，技术维修人员要对电源进行检查。如没有问题，就要对连接线进行检查。当各项值都没有误差时，与其他正常设备之间进行比较。如果受控源的开关没有启动，就要对开关线路进行检查，往往会发现有一处焊接不够牢固的问题。故障位置确定下来后就可进行处理，将线路重新连接，正常使用。

其二，受控源通电之后电压表的读数是零。出现这种故障时，就要对电工技术设备进行检查，包括电源、连接线以及开关等都要进行检测。如检测结果没有问题，就要从经验角度出发检查受控电源板上所连接的电阻容器以及有关的零部件。如果检查都合格，就说明芯片存在问题。拆下芯片，将新的芯片换上，开机启动，一切都恢复正常，这就意味着芯片存在问题。

四、电工技术实验中受控源的负载连接问题以及解决措施

电路负载连接的过程中采用了灯泡组，主要采用两种连接方式，即星型的连接方式和三角型连接方式。在平衡负载实验的过程中，如果存在负载接法存在不一致的问题，或者存在灯泡串并联不一致的问题，就会导致实验结果不准确。由于中性线缺少，就会导致某个灯泡电压瞬时增大，灯泡被烧毁。

　　电工技术实验中，由于各种因素的存在导致故障问题是比较常见的。当设备或者零部件存在故障问题的时候，就要明确故障的问题；对故障产生的原因进行分析，将各种故障问题具有针对性地采取有效措施及时排除。

第八章　电子电工技术

第一节　电工电子技术的现状与发展

近年来，我国信息化和智能化得到很大的发展，在信息化的时代背景下，各个领域都在进行技术和产业模式创新，电子技术的普及推动了电气工程专业的重要学科——电工电子技术的发展，使得电工电子技术在各行业的应用也逐渐广泛。在现代的创新型技术的时代，电工电子技术的技术研究成果对社会发展的贡献是非常大的，所以推进电工电子技术的发展对于整个电气行业甚至整个社会都是非常必要的。本节综合分析了我国电工电子技术的发展现状，并提出电工电子技术以及行业的发展建议，希望为我国电工电子技术的发展提供一些参考。

一直以来，电工电子技术在生产和日常生活中的应用十分广泛。电工电子技术是指应用于电子设备，用于提高生产效率的现代化技术手段。随着信息技术的发展，电工电子技术与信息技术和智能化相结合，电工电子技术的功能越来越趋于多元化，更符合现代化科学技术的发展潮流。另外，智能化的电工电子技术应用于机械设备，能够实现设备运行的低能耗、高效率，只要具备足够的电力支持，就可以把人工操作转变为自动化控制。并且智能化的电工电子技术还可以完成一些人工操作无法实现的工作，实现原有设备功能的多样化，最大程度地提高电子设备的工作效率。总之，电工电子技术既能降低人工成本，又能减少生产成本，对于企业来说是创造更高经济效益和社会效益的有效工具。在电工电子技术和网络信息技术的的融合上也实现了机械设备的智能化控制，使得技术操作更加准确有效。

一、电工电子技术的发展现状

（一）电工电子技术的信息系统

虽然电工电子技术在实际应用方面取得了一定的成果，提高了生产设备的工作效率，为企业创造了更大的效益。但是，现阶段该技术尚不成熟，仍然存在一些问题，提升的空间还很大。信息技术在电工电子技术的应用中发挥着决定性作用，信息技术应用的问题将会直接影响到电工电子技术的应用效果，从而降低机械设备的生产效率，最终影响了企业的生产管理。所以为了推动电工电子技术的发展，必须要加强信息系统的管理和应用，从技术入手提高企业的生产效率。

（二）电工电子技术的管理现状

电工电子技术是一项专业性比较高的工作，技术人员的基本知识和实际操作能力对于整个工作的影响很大，所以对电工电子技术操作的工作人员也必须进行专业化的培训。电工电子技术是一项复杂的技术，它是多种技术的综合应用，所以电工电子技术的管理人员必须是掌握多种技术并灵活应用的综合型人才。但是目前我国电工电子技术的工作人员非常稀缺，并且已经从事电工电子技术工作的人员的业务能力也不够强。加上信息技术和电子技术的更新速度较快，从事电工电子工作的技术人员的技术更新难以跟上，所以目前的电工电子技术的实际应用和管理中还存在很多问题，需要加强对技术人员的培训改善目前的状况。

三、未来电工电子技术的发展对策

（一）推动电工电子技术多元化发展

电工电子技术的应用为各行业的发展提供了动力，降低了生产成本，提高了生产效率。相对应的，各大行业也为电工电子技术提供了发展平台，二者是相辅相成的关系。所以各领域要提高对电工电子技术应用的重视程度，转变观念，在生产中积极应用电工电子技术。既提高了企业的生产效率，又能促进电工电子技术的进步。

（二）加强电工电子技术的管理

要重视对电工电子技术人才的挖掘和培养，建立专门的人才培养体系。对于已经在职的电工电子技术人员，要定期进行培训。不仅要普及专业知识，还要对专业的技能进行训练。培养出具备信息技术和电工技能的综合型人才，跟上现代化信息技术的发展步伐，促进电工电子技术的进步；另外，善于引进管理人才，运用专业化的管理知识和方法，对电工电子技术进行科学化的管理和发展规划。

（三）推动发展可再生技术

可再生技术是电工电子技术重要的一部分，比如太阳能技术、无限漫游等可再生技术的开发利用都为人们的生活带了极大的便利，也符合我国可持续发展战略的要求。同时，可再生技术的研究也是电工电子技术发展的重要推动力。如果利用可再生技术为电工电子技术提供电源等动力，必将是电工电子技术发展进程中的重大突破，将会为人们的生活和企业的生产带来更多的好处。

随着我国现代化进程的不断推进，信息技术在生活中发挥着越来越重要的作用，人们逐渐进入智能化的时代。时代在变化，电工电子技术也要紧跟时代的发展趋势，进行技术革新和人才培养。企业也要更新传统的观念，把电工电子技术应用到日常的生产中，用现代化的技术科学地提高生产效率。另外，电工电子技术的发展也要重视人才的管理，既要重视引入新的技术人才，也要加强对原有技术人员的培养和信息更新，为电工电子技术进步提供人才基础。从技术研发和人才管理两个方面入手，推动电工电子技术的发展，为社会的进步和人民的生活做贡献。

第二节　电工电子技术发展的策略

信息化时代，电工电子技术的重要性日益突出，唯有实现电工电子技术的创新发展，才能更好地满足社会各个领域对于电工电子技术的实践需求，最大化发挥电工电子技术对于机械设备有效运用和改善整体工作管理质量的积极促进作用。为此，本节主要对电工电子技术的主要特征及电工电子技术的发展现状进行分析。在此基础上，探讨有效促进电工电子技术发展的具体策略，旨在提供具备一定参考意义的借鉴。

伴随以信息技术为代表的诸多现代科学技术的不断发展，电工电子技术对于推动社会发展的重要性日益突出。其不仅能够切实促进社会生产效率提升，而且还能够推动人民生活质量得到改善，因而日益受到各方关注与重视。为此，有必要对电工电子技术的特征进行全面认识与把握，采取有效措施促进电工电子技术在信息化时代取得创新发展，更好地满足人们在各个方面的实践需求。

一、新时代电工电子技术的主要特征分析

新时代，电工电子技术主要呈现出以下三方面特征：其一，精细化特征。在电力充足的情况下，应用电工电子技术，能够对各类机械设备进行精细化控制，自动化操作其完成复杂的作业。有利于切实提升各类机械设备的工作效率，这是传统电工电子技术所不具备的突出优势；其二，智能化特征。伴随信息技术的不断发展，智能技术也开始与电工电子技术相结合，出现智能电工电子技术，有利于控制经济成本，促进经济效益与电工电子技术应用管理水平提升；其三，可控化特征。目前，在电工电子技术应用实践中，控制能力日益提高，因而电工电子技术能够更为灵活地应用于各方面生产实践之中，有效避免在应用电工电子技术时出现失控的情况，更好地实现电工电子技术与社会各个行业之间的有机结合，发挥电工电子技术对于其创新发展的促进作用。

二、电工电子技术发展现状分析

目前，电工电子技术在发展过程中，主要存在以下两方面不足：首先，尽管电工电子技术在机械设备中的应用在很大程度上实现了机械作业效率的提升，但是电工电子技术充分发挥作用，需要以完备的信息系统作为支撑，应用信息系统对电工电子技术应用过程中

所涉及的各方面细节进行有效地调整与控制，有效保障电工电子技术在应用时真正符合机械设备的实际情况及生产方面的实践需求。如果信息系统出现问题，那么电工电子技术就无法真正发挥其效用，生产作业也将因此受到影响。然而，目前并未形成与电工电子技术发展相适应的信息管理系统，这在很大程度上阻碍着电工电子技术的进一步发展；其次，目前在对电工电子技术展开应用管理时，由于管理人员的综合素质与管理实践能力不足，因而往往无法协调好多种电工电子技术在同一机械作业中的统筹应用，不能充分发挥不同电工电子技术的使用价值，这同样在很大程度上制约着电工电子技术进一步实现创新发展。

三、有效促进电工电子技术发展的具体策略

（一）科学制定电工电子技术发展规划

信息化时代，推动电工电子技术实现创新发展是实现生产效率与人民生活水平提高的必然趋势。因此，必须提高对于促进电工电子技术发展的重视力度，将电工电子技术发展上升至战略层面。做好相应顶层设计，明确电工电子技术的短期与长期发展目标，以此发展规划作为发展电工电子技术的基本参照。在电工电子技术中落实好规划的各方面细节性内容，同时重视结合生产与生活的实践需求，以及在落实发展规划过程中遇到的问题对其进行灵活调整，以此确保电工电子技术始终沿着正确的方向发展，增强电工电子技术发展的方向性与针对性。与此同时，要重视加强不同行业及不同领域之间的合作，促使各个企业认识电工电子技术的实践应用价值，以此推动电工电子技术与多项工作实现有机结合，最大限度地开发电工电子技术的应用方式与应用路径，进而在应用实践过程中推动电工电子技术实现创新发展。

（二）加强电工电子技术应用管理能力

电工电子技术应用管理水平直接影响着电工电子技术的发展水平。因此，必须重视在应用电工电子技术时，结合信息系统对其进行全方位的高效管理与控制，避免在细节方面出现问题。应重视面向管理工作人员展开主题培训活动，增进他们对于电工电子技术的了解，帮助他们掌握电工电子技术应用管理方法，从而构建专业化电工电子技术应用管理队伍。与此同时，需要完善电工电子技术应用管理制度，从而有效约束和规范电工电子技术应用行为，切实助推电工电子技术发展。基于信息管理系统对于电工电子技术应用的重要意义，在发展和应用电工电子技术的过程中，还需要重视开发与之相适应的信息管理系统。通过这一信息管理系统有效在电工电子技术应用过程中增强对于各方面细节的控制能力，进一步推动电工电子技术朝着精细化、智能化与可控化方向发展，实现对于电工电子技术应用的高效管理，进而充分发挥电工电子技术的内在价值。

（三）加快可再生技术研发与应用进程

可再生技术是电工电子技术的重要构成，发展电工电子技术，必须重视发展可再生技

术，加快可再生技术研发与应用进程。从构成上看，可再生技术主要包括无线漫游技术、太阳能技术等技术，将这些技术应用于生产实践之中，能够切实提高生产实践效率。同时从根本上改变社会获取能源的方式，能够有效地解决能源问题，推动电工电子技术更好地与社会生产和人们的生活相结合。为此，应加强科研支持力度，为可再生技术研发与应用提供充足的人力与物力资源支持，加快新理论与新技术在实践中得以转化应用的速度，推动可再生技术实现可持续发展，进而推动电工电子技术发展。

（四）提高电工电子技术人才培养质量

电工电子技术创新发展的实现，必须以兼具深厚专业功底与较强学习和实践能力的人才队伍作为有力支撑。为此，应重视提高电工电子技术人才培养质量，重视发展他们的综合素质，增进他们对于电工电子技术前沿发展的了解与掌握。同时注重在人才培养过程中实现理论教学与实践教学的有机结合，真正做到"产教融合"。在此方面，应重视加强电工电子技术应用企业与高校之间的合作，推动电工电子技术领域的科研与转化应用相结合。同时为学生提供更多的专业实践机会，推动他们在实践过程中形成对于电工电子技术的全面掌握。同时在这一过程中形成创新思维，不断优化实现电工电子技术与企业生产实践有机结合的方案，为电工电子技术发展培养后备力量。此外，应推动电工电子技术人才形成自主学习与创新实践意识，倡导他们主动应用业余实践展开创新探索，将他们的主体能动性充分调动起来，有效实现电工电子技术创新发展。

总而言之，为有效满足信息化时代在电工电子技术方面提出的全新要求，必须提高对于电工电子技术发展的重视力度，准确把握电工电子技术在新时代所呈现出的精细化、智能化及可控化特征，正视当前电工电子技术发展在信息系统及管理工作方面存在的问题与不足。通过采取合理制定电工电子技术发展规划、加强电工电子技术应用管理、加快可再生技术研发进程这些科学策略，有效实现电工电子技术在新时代的创新发展。

第三节　信息技术与电子电工技术

信息技术的飞速发展，几乎颠覆了人类传统的生活方式以及工作方式。其中最为显著的代表就是多媒体的发展，不仅将工作能够以一种更加生动的形象彰显，更重要的是有助于更好地、更有效率地进行沟通、开展工作。本节就信息技术与电子电工技术有效融合研究进行展开论述。

一、我国目前信息技术的现状

随着我国电子商务的发展，将电子信息技术推向了另一个高潮当中。信息技术的发展，是一个国家经济发展的重要组成部分。可以这么说，现如今的信息技术不仅推动了商业的发展，更重要的是促进了人类生活方式的进步。因其覆盖面相对来说是比较广泛的，并且在日常生活当中的应用相对来说更为广泛。无论是手机、电视、电脑还是其他的电子产品几乎都与信息技术息息相关。

随着电子技术向着智能化、多媒体化发展以及人工智能、云计算的普遍运用，导致信息技术成为了人们生活当中必不可少的重要部分。在信息技术朝着集群化以及产业化发展等多元化的发展过程当中，信息技术已经成为了社会经济发展过程当中的重要支柱之一。人们对于信息技术的要求也在逐步的提升当中，无论是对于性能方面还是实用性方面，对于信息技术的综合性以及全面性的要求相对来说是比较高的。

二、电子电工技术在生活当中的运用

伴随着科学技术的发展、进步，电子电工技术在整个社会发展过程当中起到了极其重要的作用，有效地促进了各行各业的发展。并且现如今的电子电工技术与我们的生活息息相关，无论是我们在生活当中所使用的发电也好，还是在军事国防上面都有它的身影。电子电工技术的有效发展，是可以较大程度上保障人民的生活以及促进国家科技力量的发展。

目前的电子电工技术在生活当中的运用是十分广泛的，尤其是在信息高速的今天，电子技术被运用到了生活当中的方方面面。在满足人类社会生产以及生活要求的同时，较大程度上促进了人类走向文明社会的步伐。随着社会经济的发展，电力成为了人们生活当中必不可少的要素。就电子技术在发电行业以及汽车行业当中所扮演的重要角色进行简单的阐述，电子技术在整个的电力系统的实际运用当中起到了极其重要的作用，对其复杂的发电机组当中所涉及到的多种设备运行进行了有效的控制。但就我国目前的电子电器的综合技术而言，相较于发达国家仍有较大的差距。拿汽车行业当中的电子技术来说，电子技术在汽车行业当中的运用已经极为广泛。随着汽车电子化的发展，目前的汽车已经不再是简单的交通工具，更多代表的是现代科技的发展。汽车的安全性能在不断的提高当中，将更多的人性化以及智能化的先进技术融入到汽车的实际设计当中。彻底告别传统意义当中的代步工具。电子技术的发展大大促进了汽车行业步入数字化时代的进程。

社会是在不断创新的道路上发展、前景，人类的现实需求也在不断的提升当中。因此在发展改革创新的道路上是需要将技术创新与市场需求进行相融合。在不断创新、不断整合的过程当中谋求新的出路，推动技术的发展。

三、信息技术与电子电工技术融合的必要性

在上述文章当中，无论是在信息技术方面还是在电子电工方面都已经发展成为人们日常生活当中必不可少的重要组成部分。依然都是日常生活当中的重要组成部分，那么两者之间就必然是有联系性的。电子电工技术与信息技术的应用整合是时代发展过程当中的必由之路，尤其是在智慧城市以及智慧交通等项目的推动之下，进行技术整合已经成为了社

会技术发展的重要趋势。这两项技术作为现代高科技技术的延伸，得到了社会各界的高度重视。同样这两项技术在人们生活当中的渗透力是极强的。

伴随着多元化的技术发展趋势，各行各业当中所涉及到的各项技术的联系性将会更为紧密。而电子信息技术将会是其中的重要支撑。而信息技术的发展间接意味的就是网络化以及数字化的发展，这种技术的发展意味着未来的生活以及工作所涉及到的方方面面进行有机的结合，通过网络化的方式将生活当中的各个组成部分相联系。电子信息技术的发展，其中数字技术的发展最为显著，数字技术作为通信技术当中的核心。但是在电子信息技术的支撑下，不仅满足了现阶段人们的高要求，更重要的是大大推动了相关技术的发展。传统的通讯技术主要依据于光纤完成，而现阶段的软件技术巧妙地将通信技术与计算机技术进行了结合。在日常使用的过程当中更加便捷，信息传递的质量得到了大大的提升。

信息技术以及电子技术作为现代社会发展的重要指标之一，同时也是新技术革命当中的重要成果。这两项技术的潜在价值已经得到了各方认可，是推动整个社会进步的重要推动力。电子信息技术将会是未来社会发展进步的重要支撑，同时也是社会文明进步的显著代表。

第四节　电子电工技术及网络化技术

随着生活水平的不断提高，电力系统在社会上的重要性逐渐凸显。在电力系统中，电子电工技术及网络化技术得到了广泛的应用，这让电力系统的使用率得到了大大的提高，同时还改进了以往电力系统中存在的缺陷与漏洞。本节将重点研究电子电工技术在电力系统的发电、输电以及配电中的具体应用。

随着社会的进步，人们的生活得到了极大的改善，在人们生活水平提高的同时也加大了电力系统的承载负荷。因此，人们对电能的关注越来越高。社会的进步使信息技术也得到了飞快的发展，将电子电工技术及网络化技术应用在电力系统中，能够极大的提高电力系统的运行效率，推动电力系统的发展走向更加智能化。

一、电子电工技术及网络化技术

电子电工技术及网络化技术是一种综合性的技术，将其应用到电力系统中，在计算机技术的发展下其逐渐得到了快速发展，这也标志着我国电力系统的进步。将电子电工技术及网络化技术进行结合，突出了电力系统未来的发展方向。

（一）发展特点

科技的进步带动了电力系统的发展，让电子电工部件在使用时得到了飞跃进步。这些变化改变了传统电工技术的缺陷，为电力系统走上现代化道路奠定了基础，迎来了发展新时期。电力系统在发展的过程中包含了以下几种特征：（1）集成化：将多种元件、部件进行联合形成一个全控型的器件，将所有的区间都集中在一起，从而大大地节省了设备的空间，降低了设备生产成本。这也是现代电子电工技术的突出特征之一，使其能够与传统的电子器件进行有效的区别。（2）高频化：在集成化的特征下，提高部件的工作速度。在电子电工技术及网络技术的指导下生产的设备，有较快的运行速率，在外观上更加的美观，性能也更加的完善。（3）全控化：取代传统的电力系统，在新的电力系统中，将普通的晶闸管进行更替。这种变化是电力系统的一个突破性进步，让系统的性能得到更好的优化。（4）高效化：传统的降压是通过减少部件实现的，降压会消耗设备的功能。变换技术的目的就是为了能够用科学的方法有效的降低损耗，加快器件开关。通过这样的方式能够提高区间的工作效率，实现降低损耗的功能。

（二）发展方向

电力系统中的电子电工技术及网络化技术需要顺应时代的发展，并根据社会的发展现状完善相关体系，进行措施改进。电子电工技术及网络化技术的应用，是社会发展的产物。能够促进电力系统的正常运行，为电力系统的发展奠定基础，提高电能的利用率，实现可持续发展；实现电力系统机械化、网络化、智能化的发展，信息化的发展带动了电力系统的进步。电子电工技术及网络化技术的应用更加促进了电力系统的发展，实现了电力系统的自动化运行。电子电工技术及网络化技术作为电力系统的重要技术，有助于电力系统的综合发展，提高技术的进步；在电力系统中应用电子电工技术及网络化技术，使传统的机械设备得到了明显的减少，提高了电力系统的运行速度。在相关技术人员的努力下加强改进，提高了电力系统的利用率，使电力系统得以高效运转。同时让机器的运行趋向自动化，让部件的运行更加稳定，奠定了电力系统在未来的发展趋势。

二、电子电工技术及网络化技术在电力系统中的具体应用

（一）发电过程中的应用

电子电工技术在电力系统中的应用较为广泛。电力系统在发电的过程中，需要用到不同的发电设备，将电子电工技术及网络化技术应用到电力系统的发电设备中，能够提高发电设备的工作效率，优化发电设备的功能，更好地为电力系统服务。能够有效地改善风机水泵的性能。在以往的发电过程中，发电厂的用电率需要保持在8%左右，而风机水泵的消耗非常大，是整个发电厂总量的60%，消耗能源非常高，浪费的电能非常多。在风机水泵中应用变频调速技术对风机水泵进行变频调速处理，从而发挥出节能减排的效果，在风机水泵中具有十分积极的作用。

（二）输电环节的应用

输电环节作为电力系统运行过程中一个重要步骤，需要引起足够的重视。输电环节在

电力系统中较为关键，消耗的电能较多，造成大量资源的浪费，对环境造成了一定的污染。电子电工技术不仅能够提高输电的效率，还能够大大的节省电能的损耗。另外，在电力系统中应用电子电工技术，对电能进行输送时可以采用直流输电的形式，利用晶闸变流设备的方式进行输电。如果长时间的输电容易造成无功损耗，在大规模的输电过程中，利用电子电工技术可以极大地提高输电的稳定性，保障工作人员的安全。直流输电技术适应的输电环境较为广泛，在环境恶劣的情况下也可以进行电源输送。在柔性的交流输电中，一般都会使用交流输电技术，利用交流输电技术能够更好地对输电系统进行合理的控制。补偿技术作为柔性交流输电的核心，能够起到一定的性能改善作用，提高交流输电的运行。

（三）配电环节的应用

随着人们节能环保意识越来越强烈，人们对电力系统电能的利用率也越来越关注。将电子电工技术及网络化技术应用到电力系统中，能够保证电力系统的稳定。利用电子电工技术对电力系统中存在的资源进行合理规划，科学管理，从而让整个电力系统能够保持较好的运行状态。传统的电力系统配电设备，一般使用工频变电器的较多。这种变电器的电源供应效果较差，体积较大，在运行的过程中容易产生较多的电能而对环境造成一定的污染。使用电子电工变压器替换原有的工频配电变压器，能够进行能量的转换，提高电能的质量，从而保证整个系统的安全稳定运行。

（四）环保环节的应用

传统的电力系统运行以不可再生的资源作为能源供给，这种方式非常不利于环境的保护，还会严重破坏珍贵的自然资源，同时也会对环境造成极大的污染。在电子电工技术及网络化技术的指导下改进的电力系统，以太阳能、风能等可再生资源作为电能的基础，不仅有效地节约了国家资源，同时还净化了空气，维护了生态平衡，从而让电力系统可以得到更好发展。

智能化技术的不断发展，使得电子电工技术及网络化技术受到了社会各界的青睐。电子电工技术本身存在很多的优势，将其应用到电力系统中，能够更好的发挥出电力系统的功能。从专业的角度进行分析，这是一条可持续发展的道路，能够给电力系统带来更好的发展前景。

第五节　电子电工设备的三防技术

电子电工设备的三防技术指的是防潮技术、防霉技术和防盐雾技术。三防技术在电子电工设备中的应用可以有效减少其在使用过程中由于外部环境导致的内部变化以及损伤等的现象，延长电子电工设备的使用寿命。

众所周知，电子电工设备在生产与制造、运输与服役过程中还会由于受到各种客观因素的影响，导致其出现潮湿、霉变以及霉菌等现象，进而对电子电工设备的使用性能带来较大影响。时下，随着电子电工设备使用范围的不断扩大，三防技术已经成为电子电工设备中的一项综合性与系统性并存的工程。

一、三防技术体系研究

三防技术作为电子电工设备的重要支撑和根本保障，主要包括电子电工设备的结构设计、电子电工设备的系统设计以及电子电工设备的零件设计等方面的内容，贯穿着电子电工设备的整个使用阶段。（1）电子电工设备的结构设计。按照电子电工设备的安装布局来看，电子电工设备应当远离腐蚀性的介质，其目的是为了不同电子电工设备之间腐蚀介质泄露现象的出现。这就需要电子电工设备必须具备良好的排水和通风措施。（2）电子电工设备的系统设计，对于电子电工设备容易腐蚀的部位应当设计成可更换的结构模式，以此来减少电子电工设备的积水和积尘现象产生。同时，还要缩小焊接和螺栓接连处形成的缝隙，避免和减少电子电工设备电偶腐蚀结构的形成。（3）电子电工设备的零件设计。在电子电工设备的零件的设计过程中，要尽量减少尖角与孔洞的出现，要采取防应力腐蚀和疲劳腐蚀等的措施降低电子电工设备表面的粗糙程度。

二、电子电工设备的器件选型与材料选型

电子电工设备的器件选型。根据电子电工设备的三防要求，需要对其进行选型、涂覆以及灌封等方面的防护处理；对已经选型完成的电子电工设备进行三防实验，以此来筛选出合格的产品；严格控制电子电工设备的质量，强化电子电工设备的生产工艺流程。同时还要加强对电子电工设备在生产、供应以及运输过程中的常规性监管。

电子电工设备的材料选型。金属材料的选择。①对于容易发生腐蚀和维护不便的电子电工设备，应当选择耐腐蚀性的材料，比如：铝合金、奥氏体不锈钢以及钛合金等等；②选择腐蚀性小的材料，这是因为在电子电工设备中使用的高强度的钢，其在电镀的过程中很容易出现"氢脆"的现象；③选择杂质含量低的金属材料，杂质含量低的金属材料会影响电子电工设备的抗应力腐蚀和均匀性腐蚀的能力，特别对于高强度的电子电工设备这一倾向尤为显著。非金属材料的选择。非金属材料的重要作用是提高电子电工设备的三防性能。此外，非金属材料还能有效预防虫鼠给电子电工设备造成的损伤。在通常情况下，常用的三防性能质量较好的非金属材料主要有聚碳酸酯、PC/ABS、有机玻璃等等。

二、电工电子设备三防技术措施

（一）提升与优化三防工艺流程

从电工电子设备三防工艺的角度来说，优质的三防工艺流程可有效提高外部环境对电

子电工设备侵蚀的抵御能力。在实际工作中，利用金属属性消除电工电子设备中的内部应力。此外，对于电工电子设备焊接缝的处理，在具体的工作中可结合电工电子设备的实际情况采用喷砂工艺流程，进而保证电工电子设备表面的粗糙度可以符合相关的标准与要求。在一般情况下，电工电子设备表面的粗糙度应 $\leq 70\,\mu m$。而对于电工电子设备焊缝间隙的处理，则需要采用焊缝密封胶的方式缩小电工电子设备的焊缝，延长电子电工设备的使用周期和抗腐蚀的能力。在这一过程中可通过电镀、表面钝化等操作方式来实现。但需要注意的是，在对电工电子设备紧固件的拆装方面，必须要严格监督施工人员佩戴施工手套，以此来避免施工人员在施工过程中产生的汗渍对电子电工设备造成的汗渍侵蚀。此外，还要调整电子电工设备的力矩，避免电子电工设备结构和镀层等方面的破坏。在电子电工设备的三防技术措施中，还需要对电工电子设备的不同环节进行科学管理，比如工艺流程管理、材料采购管理、包装运输管理等。特别要在各个管理环节中做好有效监督措施，消除电工电子设备中存在的质量风险和安全隐患，提高电工电子设备在实际应用中的综合运用能力。

（二）注重与加强三防运行维护

在电工电子设备的日常使用过程中，由于受到不同客观因素的影响，使得电工电子设备的镀层、性能会有所下降，甚至还会出现设备腐蚀的现象。为了减少和降低这一现象的产生，延长电工电子设备的使用寿命，需要结合其在实际使用过程中的情况注重与加强三防运行维护工作。具体可以从以下几个方面做起：对电工电子设备进行加固设计，减少其在薄弱环节问题的产生，提升其在使用过程中的冲击应力、疲劳极限值和工作效率；利用隔震缓冲设计，减少和降低过强的冲击应力给电工电子设备内部造成的损坏。通过对电工电子设备的加固和隔震缓冲设计提升其使用性能，延长使用寿命，发挥综合性能。

综上所述，电工电子设备在不断运行的过程中必须要合理应用三防技术。唯有如此，才能提升电工电子设备的运行效率，延长电工电子设备的使用年限，让电工电子设备在各行业领域中发光发热，促进经济与社会的不断发展。

第六节　电子电工技术 CAI 系统的实现

随着中国的经济发展，各大专业性的高等院校都会设立电子电工技术专业。电子电工技术是一门基础性的非电类学科，在现代的科学研究中起着必不可少的作用。但是电子电工专业的学习需要注重理论和实践，而目前的实践教学和理论教学都存在一定的不足。本节分析了 CAI 系统的概念和应用，希望能为电子电工专业的教学提供参考价值。

为了满足社会发展的需要，中国教育行业的发展备受各界关注。随着企业和社会对高质量、复合型人才的需求，专职院校或高职院校都必须对相关的专业教学水平进行提高。

其中电子电工专业是一门实践性强、基础性强的科类，被广泛地应用到社会生产、科学研究等方面。但是随着 CAI 系统的应用，在电子电工的教学中变得更加的轻松、简洁、有效。而 CAI 系统的实现和应用还有一定的不足，因此本节分析了相关的因素和措施。

一、CAI 系统概念和电子电工的应用概念

（一）CAI 系统概念

随着科技的发展，信息化的普及时代来临。信息化的时代可以帮助人们完成很多繁琐复杂的事情，而运用信息化设备进行教学便是其中之一。而 CAI 系统简单的来说就是计算机辅助教学，计算机辅助教学已经不仅仅只是传达概念和操作模型模拟运行，还可以更多的是让学生能够理解其本意。计算机辅助教学运用多媒体、人工智能等，能够有效的实现师生之间的教学讨论、概念的定义来源分析、教学课程的合理安排等，通过计算机辅助教学是能够全面地培养学生对专业知识和技术的理解和熟悉。

（二）电子电工的 CAI 系统应用概念

电子电工专业的教学，涉及到非电类内容，为以后的专电类学习奠定基础。其中设计电路排布、应用、线路规划等多个内容，在传统的教学中有些方面很难口述或者图文表达出来，导致学生的学习效果不尽如人意。将 CAI 系统应用到电子电工专业教学中，可以有效的完成电路的模拟排布和实际的应用情况。学生在实际的观看中能够有效地分析其作用原理，理解基础的概念也会更加的容易，老师的教学压力也会减轻。

二、电子电工 CAI 系统应用的优势

（一）减轻教师的教学压力

电子电工专业作为一门基础电学专业学科，对于理论知识和基础实践能力要求很高。传统的电子电工教学模式非常单一，教学的过程中对于定义、概念的讲解，学生很难理解。教学的过程中还有很多的复杂教学环节，在实验、电路分析等等老师讲解起来非常的损耗精力和时间，并且实际的教学效果也不是很好。那么 CAI 系统的应用，能够极大地减轻老师在教学过程中的压力。不需要过多的讲解基础和实践，只需要在教学的过程中进行引导、辅导，再加以讨论，使学生的学习效果就能达到事半功倍的效果。

（二）有效的提升学生的理解

电子电工教学的过程中，特别是对于电路的排布合理、电路的穿插等等，需要学生有足够的思维能力进行想象。因此传统的教学模拟模式利用图文很难做到理解深刻。当引用 CAI 系统教学的时候，可以通过多媒体进行实验的多种类型模拟和判定，对于学生全面知识具有很大的帮助作用。

（三）实际模拟电子电工技术应用

CAI 系统也是计算机教学系统，其中包括人工智能、多媒体等等。因此在教学的过程中能够有效的对复杂电路进行模拟运行。同时电路的安排排布也可以进行自主的结合。在进行实际模拟的过程中学生还可以从多方面进行实践。比如 A 电路 B 电路结合又或者 B 电路和 C 电路。充分的拓展了学生的常规思维，加强了学生的实践思维能力，对于学生掌握知识更加记忆深刻。

（四）有效加强学生的实践

CAI 系统在电子电工中的应用，最有效的作用就是进行电路的实践操作。当然传统的教学模式中也有实验操作教学，但是人为操作始终会存在一定的疏漏和失误，导致实践结果不标准，影响教学效果。而 CAI 系统，通过人工智能，同一种电路能够通过不同的线路连接产生同样的效果，复杂电路也能轻松的完成分析。在这个过程中能够有效的加强学生的实践能力，同时加强学生的基础概念记忆。

三、电子电工技术 CAI 系统的实现

（一)CAI 系统的总体设计

根据电工电子技术课程的特点，运用 CAI 技术的理论和方法，分层次、系统地演示课程的基本内容。

（二）系统设计

1. 主页面设计

系统的界面设计主要分两步：一是控件的选择和位置的确定，二是控件的属性设置。在 Matlab 命令窗口中输入 guide，进入编辑窗口，在编辑窗中列出了普通窗口所具备的各种控件。为了使界面的控件排列整齐，单击编辑窗口工具栏上的对齐按钮，弹出对齐设置窗口，通过鼠标拖动选中须对齐的控件，在该窗口中设置水平和垂直方向的对齐方式和间隔大小，按 "Apply" 确定即可。控件的属性设置是界面设计的关键技术，双击任一控件，都会弹出相应的属性对话框。在该对话框中，列出了相应控件的所有属性，在界面设计中，影响设计的主要属性是 "string"、"tag"、"callback" 等。

2. 功能调用

控件除了基本属性的设置外，还有可能具有执行或调用其他控件的属性值的功能。每个控件的功能设置类似于高级语言编程中的子程序，但在 Matlab 的 GUI 设计中要简单得多。由于 Matlab 语言具有丰富的函数，编写控件的功能时，只要调用 Matlab 的函数和必要的控制语句即可，不需对控件的属性作过多的描述。具体操作是在属性窗口中，选择属性 "callback"，直接输入调用语句。

现代新型科学产业的发展，无疑与电力联系到一起。而电力电工专业的教学发展则为

中国的科学研究奠定了坚实的基础。电力电工技术是一项电力基础课程，具有一定的实用性、基础性、操作性和比较强的复杂性。在进行教学的过程中很多的教学难点不能及时解决。而 CAI 系统的引用，非常有效的解决了电子电工专业学习难点，同时加深了学生的知识记忆和实践能力。本节也通过具体的分析，阐述了 CAI 系统的优势和特点，并且分析了构建 CAI 系统的措施，希望能够为电子电工专业教学提供有效的参考措施。

第九章 电子电工技术的实践应用研究

第一节 电子电工技术中 EWB 的应用

本节从不同的方面对电子电工中 EWB 的应用技巧进行分析，首先阐述 EWB 的含义，然后使用技巧以及如何能够发挥其最大功能和作用。因此电子电工技术中 EWB 的应用，不仅能够支撑电子电工技术的平稳运行，还能够有效地降低操作过程中的耗费，提高电子电工技术的作用效率。

电子电工工程技术专业作为一门工科专业课程，主要对应用电子技术与应用电工工程技术的合理性与应用关系展开相关专门性理论研究。通过对 EWB 的综合应用，能够为电子电工技术实验教学奠定理论基础，便于引导学生更好的充分运用教学资源组合展开相关实验，进而有效促进电子电工工程技术专业教学质量的不断提升。在此种实际情况下，对现代电子电工工程技术中的 EWB 的实际应用及其技巧可以进行深入探究，具有一定历史现实意义。电工专业电子工程是一门非工机电类电工专业的电子技术技能基础专业课程，具有专业综合性高、实践性强的教学特点。其主要教学目的也就是为了使学生快速学习电子专业知识，和在从事电子工程技术相关工作期间打下良好的从事电工以及电子技术的专业理论知识基础，并由此使他们能够受到必要的专业基础学术技能强化训练。作为一所现代学校教育，理论技能教学、实践技能教学和专业岗位技能教学三元学位一体教育是其基本教育办学发展理念，实验教学建设是现代学校不断培养优秀学生的一条重要途径。基于铁路电工与微电子这门专业课程的自身教学特征，仅仅靠专业教师在教学课堂上深入讲授电路理论知识，往往无法真正让部分学生深刻感受并达到加工电路的实际综合应用，而且针对理论知识分析中一些繁琐的计算公式进行推导所得出的电路特性函数曲线常常缺乏科学直观性，导致部分学生们在听课时难以较好地正确理解所学理论，以至于容易产生一种难学、厌学的不良情绪。另外，由于我国现有中学实验室的教学条件有所限制，不太有可能真正做到每个实验学生都能够有充分的课余时间精力，去通过各种实验学习来正确理解其在课堂中所需要教学的知识内容。实验室的内容和中学理论课的内容难以实时同步，导致中学理论课的教学效果也会受到严重不良影响。因此，在课堂教学管理过程中综合引入一套电子课程仿真教学软件 EWB，可以有效使得每个年级学生们都能通过亲自动通过连接电脑设计教学电路、设置教学参数及综合分析教学电路，理解教学理论的重难点，可有效消除教学理论的复杂抽象感，激发广大学生对该学科课程的实际学习活动兴趣。实现了以课堂教师自己为学习主导，学生自己为学习主体的课堂教学模式，可以直接从事各类民用电子设备设计维修、制造和技术应用，电力工业生产和使用电气设备制造、维修的复合型专业人才的一门学科。在以往的电子课堂教学实践过程中，学生对数字电路这种无法用我们肉眼所能看见的复杂事物进行理解使用起来都会有一定的困难，而利用 EWB 等软件可以从电脑屏幕上自动呈现各种不同电路的进入输出信号波形，它无疑是一种便于仿真的交互式式图像处理软件。将 EWB 的仿真模拟软件与学校电子电工相关专业教学相有机结合，可以将很多量子电路的基本功能通过模拟表现出来。将原本复杂的、难以充分理解的电路原理用生动的电脑画面形式展示表现出来，能将抽象的有关电子与应用电工间的概念关系变得更加清晰具象化。降低学生理解的教学难度，从而有效地充分激发广大学生认真学习有关电子与应用电工这门专业相关技术的学习兴趣，提高学校电子电工相关专业技术课堂的体育教学工作效率。

一、EWB 的定义及优势

（一）定义

EWB 也可以称作模拟电子教学工作台或是模拟教学软件，能够为从事电子电工相关实验学生提供教学辅助，同时也可以称作是在电子软件工作台上的模拟处理软件。在小学电子电工教学实验中，EWB 可以起到十分重要的教学辅助指导作用，特别是在小学电子电工实验以及电工实验教学中，所以其发挥的重要作用自然是不容忽视的。它不单单大大提高了学生的实验学习热情，促进了师生学习工作效率的大大提高，同时也大大为实验老师教学提供了方便，并通过缩短的实验教学的学习时间而大大提高了实验教学的工作效率。除此之外，EWB 还将功能用于促使在校学生更好地深入理解自己所学的实验知识，并使其能够及时地为其提供相关实验的研究结果。相对其它 EDA 软件而言，它是个较小巧的软件，只有 16M，功能也比较单一，就是进行模拟电路和数字电路的混合仿真。但你绝对不可小瞧它，它的仿真功能十分强大，可以几乎 100% 地仿真出真实电路的结果，而且它在桌面上提供了万用表、示波器、信号发生器、扫频仪、逻辑分析仪、数字信号发生器、逻辑转换器等工具，它的器件库中则包含了许多大公司的晶体管元器件、集成电路和数字门电路芯片。器件库中没有的元器件，还可以由外部模块导入。在众多的电路仿真软件中，EWB 是最容易上手的。它的工作界面非常直观，原理图和各种工具都在同一个窗口内。未接触过它的人稍加学习就可以很熟练地使用该软件，对于电子设计工作者来说，它是个极好的 EDA 工具。许多电路你无需动用烙铁就可得知它的结果，而且若想更换元器件或改变元器件参数，只需点点鼠标即可，它也可以作为电学知识的辅助教学软件使用。

（二）EWB 的优势

EWB 的兼容性较好，其文件格式可以导出成能被 ORCAD 或 PROTEL 读取的格式。该软件只有英文版，在中文版的 WINDOWS98 下它的一些图标会偏移两个位置（在 WINDOWS95 下正常），但不影响它的使用。由于 EWB 的容量小，而且直接拷贝到别的机器上就可以使用。

使用简单方便，对于它的 EWB 而言，主要优点是能够依靠直观的自动图形界面功能来自动制定一个有关各种电路仿真原理的截图，同时也需要能够在一台计算机上的屏幕上自动呈现出一个实验室的工作台。为此，就可以能很方便地在这个屏幕截图上去自行选择有关电路仿真以及测试的相关设备，以及用来绘制有关线路原理图的相关组件。具备丰富的组件库，而且集成元件库的产品种类十分多。其中主要有数字模拟混合集成电路、数字模拟混合集成图书馆、数字混合集成电路等。与此同时，EWB 还有实现通过控制操作真实模拟器件的仪表以及使用虚拟仪器，保证系统使用者同时能够在基于仿真的虚拟实验室中快速应用并得到这些模拟用的仪器以及集成电路仿真用的仪器。此外，EWB 也大大地完善了往常的集成电路设计分析应用手段，广泛应用的主要手段有非线性电路分析、线性电路分析、以及集成电路等。

二、EWB 的应用

（一）应用方式

逻辑电路设计能够通过诸多不同逻辑方式的复杂逻辑处理函数对其进行转化表述，不同逻辑方式函数具有稳定可变的转化性，便于更好的设计分析逻辑电路。双极型三极管及其波形放大应用电路，场效应管及其波形放大应用电路，放大应用电路的波形频率响应，波形信号发生及频率变换应用电路，直流电源、模拟开关电子应用电路的 uumultisim 以及仿真等。这门电子学科的部分基础知识点中甚至还包括了很多重要电路结构图。例如，pn 体管结晶体形成后的原理电路图、晶体管直流输入电路放大图和电路直流输出通路图等。这门专业课程其中的很多基本电路和构图内容是很多学生从来没有真正接触过的，学生在不断学习它的过程中难免会因此感到非常吃力。如果一个教师直接利用了 EWB 等软件进行一个虚拟电路实验，就完全可以将实验电路流程图直观地显示出来。尤其在教师讲授单管功率放大器的电路时，将这种传统的数学教师实例讲解与如 EWB 的仿真教学实验有机结合，教学效果十分显著。再举例如，模拟集成电路中虽然有一项很重要的研究内容，那就是基本信号放大器在电路中的静态运行工作点位的分析，可是很多学生根本不需要知道怎样正确辨别三极晶体管的静态运行工作状态。而且，EWB 等软件还具有非常直观的实现电路直流信号分析和电路交流信号分析的结合功能，因此我们可以在你的课堂教学使用过程中随时加入一些实验。以采用单管和公共发射极信号放大器的电路设计为一实例，可以通过实时改变放大电路各个元器件的放大参数对电路输出端的信号状态进行数值分析判断。

（二）应用技巧

就各种虚拟化的仪表功能来看，在 EWB 中必须依照具体技术标准要求来设计开展各种虚拟化的仪表功能设计，以便于确保仪表使用者对虚拟仪表功能进行准确科学化的设计。对出现问题原因进行合理设计分析，之后才能设置控制电路。在 EWB 的软件支持下，能够使您更好地在整个实验期内对使用虚拟能源电压测量表与虚拟电流测量表、万能表等软件展开综合学习。在虚拟仪表应用设计期间，必须充分结合虚拟仪表实际使用设计方式实际展开应用实施，虚拟现实仪表设计使用方式技巧上与用户实际使用仪表无法统一。应用实施过程中则还需要密切关注观察虚拟仪表设计数值应用范围，结合具体应用标准要求来分析确定是否实施应用范围。在快捷栏和键盘的实际应用上，要充分明确表示 EWB 的应用价值性。应用期间以键盘鼠标为主要支持，将快捷栏和键图标进行合理化的设置，实际软件应用操作过程中有效率地配合键盘鼠标和移动键盘，在实际软件应用操作过程中，通过快捷键的合理设置，操作者对于键盘鼠标的掌握应用有限，因而不仅双手能够得以充分解放，软件应用操作效率也可以得到明显提升。应当特别注意的一点是，在基于 EWB 等的应用开发过程中，操作者必须首先要准确掌握记忆快捷按键的具体操作功能，以便于避免因为操作失误而严重影响实际工作效率。

综上所述，以 EWB 为主体支持，能够显著有效提升电子电工工程技术的应用，便于将复杂量子电路知识进行智能转化，激发在校学生技术学习上的兴趣和实践积极性，促进在校学生电子专业知识水平与电子技术应用能力的不断提高强化。同时还能够有效提高电子电工技术的使用效率。电子电工技术在电机学的使用中占了很大的比重，具有较高的地位，实践性比较强，能够运用的范围也比较广阔，在我们的日常生活中非常常见。电子电工中的 EWB 技术其实就是一种仿真软件，使用者在运用电子电工技术时可以通过 EWB 的使用，从屏幕上直接地观察到电路中的各种波形，便于使用者对整个过程进行及时地监控。其实电子电工技术中 EWB 的应用对于学习者来说是更有利的，通过 EWB 的应用，能够有效地帮助学生学习使用电子电工这门技术，加强学生的学习兴趣，提高其实践性。除此之外还能帮助使用者在使用的过程中及时的发现存在的问题并进行及时的解决。

第二节　电工技术在建筑中的应用

电工技术在建筑行业中有着广泛的应用，近年来，随着建筑施工水平的不断提高，电工电路技术也从传统安装维修升级到智能电气技术。本节结合电工技术在建筑中应用历史和现状对于未来电气工程智能化、信息化和节能化的发展趋势进行了探讨。

传统建筑电工主要进行初级的电压变压、布线和建筑工程的电路维修等。但随着电子、电气自动化和能耗设备不断增多，电工电路技术不断发展，先后应用了漏电保护技术以防止触电事故和电器设备的安全，采用了智能技术控制剩余电流来实现超大电流的切断。传统电工技术主要是布置照明等强电系统，而现在以弱电为逐渐增多的综合性应用系统成为了主流发展趋势。电工技术越来越多地结合控制技术、信息技术、智能技术，实现建筑节能、智能和人性化的目的。

一、传统电工技术在建筑中的应用历史

（一）建筑电工介绍

传统建筑电工要掌握识图、布线、照明设备安装、继电保护、电气设备的安装等。在基础施工阶段，建筑电工应该做好接地和防雷保护装置和引线工作。在主体施工阶段，应该做好配管、配线、预留和预埋工作。在装修施工阶段，应该做好电器设备的接线安装和调试工作。建筑电工在施工准备阶段必须要熟悉图纸和技术规范，列出交叉施工、配合施工进度，合理安排施工时间，准备好施工材料。电缆预埋应该在土建做墙体防水之前处理，预埋件应该在土建施工到位时及时埋入。电气施工要和土建流水作业程序紧密衔接，逐层逐段做好铺设。在混凝土浇筑过程中，电工应该留人驻守，以保护管路和开关盒。

（二）传统电工技术的发展和不足

传统电工技术主要集中在强电领域，以供电、照明和防雷为主。最早的建筑电工布线是布明线，后来逐渐发展到电话、电视、消防和建筑自控等弱电工程，但是以高低压为区分标准并不严谨，因为有些强电设备的二次回路可能电压很低，而防雷、保安、人防等功能虽然是弱电设计，但是还需要照明和动力。而且现代建筑耗电量越来越大，电气设备使用越来越多，所以传统强电和弱电的划分已经不符合时代发展。

传统电工技术单一局限的发展思维已经给城市发展带来了不便。以供电网络为例，老旧楼区线路老化，管路饱和，老用户增容或报装新用户都很困难，而线路改造工作又难以实施。这不但造成了供电紧张，还导致了安全隐患。由于电气设备没有今天这么多，传统电工技术不注重节能，耗电、低效的技术和设备被广泛使用，而节能高效的技术产品因为相对价格较高，所以使用较少。

二、现代建筑电气技术的发展和应用

（一）现代建筑电气技术的发展和特征

现代建筑风格迥异，人群集中，楼层增长速度较快，消防、环保、节能和安全需求较高。尤其是对高层智能建筑来说，传统电工技术已经不能满足楼宇设计的要求。现代电气技术已经和计算机技术、控制技术、可视化技术、智能技术等结合在一起，展现出智能化、信息化、节能化、环保化的整体特征。包括门禁系统、电梯系统、中央空调系统在内的大量智能自动化系统引入其中。

以照明系统为例,1996 年 9 月,《中国绿色照明工程实施方案》出台,要求综合考虑用电节能的各种因素,实施绿色节能。《建筑照明设计标准》(GB50034-2004)强制规定高效、节能、舒适、有益和环保,白炽灯等耗电灯具逐渐被淘汰。在此条件之下,建筑电工不仅需要掌握传统电工技术,还需要正确选用节能型照明设备,合理配光,采用天然光控制技术、选择较小电阻率导线、减少线路损耗、减少供电半径、降低电压损耗等方法降低能耗。

电气技术的智能化是一个越来越重要的特征,比如家用发电机在断电后自动启用,家电的智能控制,保安系统智能识别,此外感应灯、电梯、中央空调等设备也大量使用智能化技术。在高层建筑中能耗如下:空调(43.9%)、照明(25%)、给排水(17%)、电梯(9%),所以需要利用智能技术控制能耗,比如通过将电动机维持在平衡的输入和输出状态来降低给水和排水系统能耗。

(二)现代建筑电气设计的注意事项

在电气设计中,要保障设备负荷平衡,确保负荷电流最小值超过标准负荷电流的80%,三项负荷应该保持在 3.67 的范围内。

在防火设计上,要确保线路正确规划,设备正确放置,避免电气设备火灾。传统电工技术布线因为老化、机械损伤、雷击和操作失误等造成短路,而引起火灾。火灾报警与消防联动系统一定要具备独立性,以楼层为分区划分探测区域,并且在楼梯、出入口、停车场、电机室、消防控制中心等处布置应急照明系统,以蓄电池供电。

智能化建筑的防雷设计能够改变传统电工技术只在楼顶设避雷针的弊端。大厦整体安装接闪器、接地网和引下线进行外部防雷,给配电变压器安装避雷器,建立 SPD 三层保护,保护电子信息系统不被干扰。采用均压、等电位的连接与接地、屏蔽等方式进行内部保护。

要强化防短路设计,供电系统的设计首先要根据用户端和公共用电负载计算电力负荷并分级,然后要计算短路电流,确认变压器类型,并且计算无功补偿容量。配电系统的设计要注意备用发电系统的自动化控制,变电所要对公共用电和用户用电进行分别控制。

现代大型建筑节能、环保和智能化的需求日益提高,传统强电思维的电工技术已经不能满足现代建筑群的发展需要,电工技术已经结合其他技术发展为综合性电气技术,实现降低建筑能耗、提高舒适度、保证安全性的目的。

第三节　机电一体化中电工技术应用

在近些年来,新兴技术发展迅速,电工技术已经被成熟地运用在了机电一体化中。随着世界上越来越多的国家重点支持发展电工技术,随着电工技术研发的产品已经广泛地运用在了人们的日常生活中,更多的人想要了解电工技术是什么以及它在我们的日常生活中到底发挥了多大的作用。本节主要向读者介绍电工技术的分析、应用以及给人们带来了什么。

电工技术在机电一体化中的广泛运用在我国这些年来的发展中已经非常成熟，这对我国在经济发展方面、科技发展方面都发挥了重大的作用。电工技术在机电一体化领域的发展，使得资源得到更大程度的利用，污染物的排放也变得更少，工人的工作效率也得到提高。这在深层次上提高了产品的质量，也改善了人们的生活环境和生活质量。可编程的控制器技术以及活动能力较好的控制器技术，提高了产品的质量和水平，也提高了企业和工厂的技术水平和竞争力。电工技术在机电一体化中的应用促进了其产业的转型升级，促进了国民经济的发展。

一、分析电工新技术在工业产业中的应用概况

（一）电工技术的源头和概况

电工技术是在依靠原先传统技术的基础上，进行改造升级后形成的更有利于工业生产的发展的新兴技术。这个技术的广泛使用使得传统工业中无法大规模运用的技术得到规模化的运用。电工技术的初步发展在二十世纪后期，这个时期物理理论大量出现并得到广泛的技术合并与应用。例如，离子物理、生物电磁学等等，可见物理化理论的发展与成熟是电工技术得以快速发展的重要基础。电工技术是一门复杂性和综合性兼具的技术专业，它通过与其他专业技术的融合推动机电一体化技术的发展，为我国电气资源的合理利用及规划提供了有效的方法。推动了我国产业结构的转变，为我国的发展做出了很大的贡献。

（二）电工技术的发展形势

二十世纪后期超导电技术的研发成功为机电一体化提供了实际产品，新兴的超导电技术相比于传统的超导电技术来说更快、更强、更耐热。光电元件、电力元件等电力元件的相继问世是电力技术的持久动力和理论基础。我国的产业结构调整、绿色生产链发展无不依赖于电工技术。超导电材料可以运用到更广阔的层面，可以解决更多正待解决的难题，新技术的进步所带来的福音继续造福人类

电磁场数值是微型电子技术的发展和计算机技术的进步对电力新技术的升级提出了更高的要求，微电子技术的发展解决了机电一体化生产中的人力技术难题和尖端复杂问题。CAD制图技术更是助推了电工制造业的质量水平和制造效率的发展。电机控制的发展、数控系统的更进，提高了资源利用效率和用电效率的最大化，使电工技术的发展进入了一个新的阶段。

二、电工技术的实际运用

机电一体化的发展实际上是计算机和微电子技术的结合发展，计算机技术的应用一定

程度上解决了复杂的程序应用和繁杂的实验问题。计算机技术的进步促进了电力系统的更新，对推动企业的卓越进步起了很大的作用，使企业获得更大的利润；微电子技术结合计算机是推动电力行业发展的最有力的动力。

（一）控制器的应用

电力技术的应用可以说体现在三个方面：其一，应用可编程控制器和触屏控制器适应了现代工业的要求，是对传统工业的改进，但同时保留了传统工业的运用方式，使技术工人不必费力去学习另一种技术方式，这更有利于电工技术的推广与运用。现在新型的控制器技术又称为 PC。PC 控制器在当前的发展中性能很好，它是集计算机技术、通信技术自动控制技术等等于一体的电工操作系统。PC 控制技术更灵活、更先进，而且它在演化中更加与时俱进，它与计算机的应用更密切，更能体现用户的需求。

（二）运动控制卡

运动控制卡的功能主要是服务于电机和控制电机，它是运用变频器把工频电源转化为各种频率的交流电源，这是电工技术中。自动化技术的核心突破。脉冲/脉冲，脉冲/方向，这两种脉冲发出模式，对电机的速率和性能的转型和改进具有重要作用。机械控制卡在机电一体化中的应用主要体现在两个方面：机械生产的自动化，产品的包装和印刷。运动控制卡需要不断地发展以此来满足新兴技术产业的需求。机床数据管控也要用到运动控制卡，通过补插的形式将生产过程连续性提高，并且缩短生产时间，从而获得更大的效益。

（三）自动控制技术的发展

二十世纪以来，被公认为最有意义的技术创新之一，自动控制技术的出现和应用。市场的需求和技术的进步对自动控制技术的发展提出了新的要求，因为自动控制技术应用于任何产业链的生产中，对提高生产效率具有非常巨大的影响。自动控制系统分为两种，闭环和开环。比例控制器、积分控制器在生产中是最常用的也是最新进的技术。自动控制技术的特点主要是精准、严密和高效，它对机电一体化中的生产影响深远。

电工技术的进步在很大程度上体现了我国科技水平的进步。随着近年来我国新兴技术的发展得到大力支持，我们在生产领域的发展水平也得到提高。电工技术的发展，不仅对国民经济水平的提高有作用，而且是提高我国国民生活水平的重要动力。电工技术在我国已经发展比较成熟，相信在未来，机电一体化自动化技术能得到更好的发展。

第四节　电子仿真技术在电工维修中的应用

随着高新技术的不断发展，电工维修人员应用电子仿真技术在工作中发挥的作用越来越明显。基于此，本节对电子仿真技术在电工维修中的应用进行了论述，仅供参考。

对于近年来电工维修行业当中盛行的一些电子电工技术来说，其中最备受关注当属电子仿真技术。电子仿真技术的诞生历史较短，以其独特的应用优势和特点受广大电工维修者喜爱。电子仿真技术本身其实是一种自成体系的电子电工技术，除了可以帮助电工进行维修作业以外，还可以帮助其他电路设计者进行电路设计工作，从而有效地提升电工的电路创新能力和实际操作能力。电子仿真技术的诞生，使得经验不足的电工维修者也可以很好的保证工作安全。同时，其技术自身所具有的优越性，可以高效地提高使用者的动手积极性、工作效率和质量。

一、电子仿真技术概述

电子仿真技术是我国科技发展历程当中诞生出的一项重要科学技术，这门电子技术融合了当下大多数流行的电路技术，包括很多主流的技术应用领域，从而使得电子仿真技术的应用领域远远大于本身使用的领域。一般来说，在我国主要使用的电子仿真技术相应的拥有电路图编辑器、Edison 仿真软件、图形后处理程序、电路原理图编辑程序、PS pice 仿真软件等主流高新科学技术。其电子仿真技术最大的应用特点就是在应用过程需要相应的结合一定的信息技术和专业的理论知识为支撑。对于我国的电子仿真技术应用历程来说，电子仿真技术最开始主要是针对工业生产方面进行应用的。后来随着科学技术的不断发展，使得电子仿真技术本身融合了其他更多的优秀技术，从而使得电子仿真技术本身的使用功能越来越多。其技术发展至今，已经不仅仅拘束于工业生产领域。随着应用和用途等其他影响因素的不同，电子仿真技术已经可以应用到经济、生物研究、电工维修等重要发展领域。电子仿真技术在电工维修领域当中的应用可谓是丰功伟绩，电子仿真技术在计算机通过相关软件，可以使得实际的电路数据在计算机上进行模拟作业，转化为一种更加直观有效的形式来使得整个电路数据的准确性提高。因此，电子仿真技术在我国的电工维修领域当中是极为重要的操作技术之一。

二、电子仿真技术在电工维修中的应用现状

对于电子仿真技术体系是由众多高新电子电工技术有机结合所形成的一种新型多功能综合型学科技术，电子仿真技术在我国当下的电工维修领域当中的地位极其重要。电子仿真技术本身所具有的特殊应用优势和特点，使得在电路设计和连接应用方面有奇效。因此，电子仿真技术在我国的电工维修领域的应用极其广泛，可以有效地帮助相关的电工维修人员规避线路接错问题所导致的一系列电路危险。例如电气元器件烧毁、三极管烧毁等情况的发生，都将极大的影响到整个电子线路的安全问题。因此，电子仿真技术在我国的电工维修领域当中拥有相当良好的应用前景。

对于整个电子仿真技术体系来说，在电工维修领域当中应用最突出的当属电子仿真软件。因为在我国当下的电工维修工作环节中，电路连接是整个电路工作当中极易出现问题的工作环节。当电路连接出现技术问题时，就会极大的影响到整个电路地正常运转和后续

的其他电路工作环节的正常进行。在原有的电工维修工作当中，由于整个电路维修工作不可逆，当电工人员出现技术失误时或者是进行未接触过的电路维修情况时就会极大地影响到其工作人员的人身安全。而电子仿真软件的应用可以让维修人员先进行虚拟的电路设计和连接操作，给了工作人员更多的容错性，从而给予更多的安全保障。

三、电子仿真技术在电工维修中的应用

为了更好的给我国电工维修领域提供安全保障，就需要针对实际的电子仿真技术应用情况进行仔细研究，加强电子仿真技术在电工维修领域应用的措施。

（一）在电气系统与电气设备安装中的应用

在进行电气系统与电气设备安装过程中，需要先进行仿真展示，以便工作人员对电气系统构件与电气设备零部件的内部结构图有个全面的了解与掌握，为后续安装工作的顺利进行奠定良好的基础。具体从以下几个方面进行：1）开展模拟安装训练，借助仿真软件来对电气系统与电气设备安装过程进行模仿，具体训练内容有安装工具选择、电气系统与电气设备组装、拆卸及还原等；2）给工作人员提供真实的安装动画，便于他们对安装的相关操作进行观摩学习；3）借助仿真软件对工人进行考核，在工人了解和掌握安装方法、安装知识及安装流程的基础上，才可以允许工人进行实物组装，以此来确保安装的整体效果和质量。

（二）在电气系统与电气设备故障诊断中的应用

在进行电气系统与电气设备故障诊断时，可以借助电子仿真技术来把电气系统与电气设备的常见故障、检测及处理方法等向工人进行展示，随后通过仿真训练来使工作人员对电气系统与电气设备故障检测与修理的全过程进行模仿。具体内容包括设置故障参数、整体与部分运行约束条件的定义、基本控制指令的定义、构建故障整体性能曲线、配置最优动力总成性能、确定全套电气系统与电气设备的整体相应速度等。最后还需要完成对工人的考核，具体内容有对常见故障知识、处理方法及检测技术的掌握与运用情况。基于此，既可以充分发挥电子仿真技术的优势，而且还可以提高工人的故障修理能力，确保电气系统与电气设备的安全、高效运行。

（三）在电气系统与电气设备调试与运行中的应用

在电气系统与电气设备调试与运行阶段，可以借助电子仿真技术来把电气系统与电气设备的常见调试与操作技术展示给工人。具体内容包括调试顺序、参数设置、操作方法、操作流程、调试结果检验、调试注意事项等。同时还需要将电子仿真技术的二次开发接口提供给工人。随后开展模拟调试训练，对电气系统与电气设备进行模拟调试。具体内容包括主轴部件调试、工作台调试、副部件调试、整机调试及工具调试等。然后还需要为工人提供与调试和运行相关的动画效果，以提高工人的学习效果。最后还可以借助电子仿真技

术来对工人进行考核，具体内容包括对调试与操作技术、方法及知识的掌握。例如，在对数控机床进行调试过程中，需要将数控机床的调试与操作方式告知工人，并提供电子仿真技术的二次开发接口。随后要求他们借助电子仿真技术来对数控机床的调试过程进行仿真模拟，主要包括齿轮换挡传动主轴部件调试、带传动的主轴部件调试、数控铣床滚动导轨副调试、加工中心主轴部件调试、回转工作台调试、加工中心刀库调试等内容，以此来确保数控机床的整体运行效率。

综上所述，电子仿真技术是我国当下极为重要的电子电工技术之一，在电工维修领域当中的良好应用可以有效地提高其维修人员的工作效率和质量，还可以在很大程度上为工作人员提供安全保障。对此，就需要针对其实际的应用情况进行仔细研究，以促进电子仿真技术在电工维修领域的进一步发展。

第五节　PLC 编程技术在电工电子实验中的应用

本节以 PLC 编程技术为出发点，简要分析其在电工电子实验的具体应用。在电工电子实验中有效应用 PLC 编程技术，一方面可以对学生实践能力有效培养，另一方面则能提高学生的表达、创新能力，更能培养学生的合作精神。

PLC 是最常用的工业自动化生产控制器。其其有较高的可靠性、较强的抗干扰能力，而且编程简单、容易掌握，且和高校教学、工业生产要求相符，因此广受青睐。与此同时，电工学理论教学也会经常涉及 PLC 控制器，更可以在电子电工实验中引导学生做到举一反三。

一、研发 PLC 电工电子实验教学装置原因分析

在学习电工电子课程时，电工电子实验是重要的学习方式之一。对于电工电子课不仅要学习理论知识，而且要进行相应的电工电子实验。理论是为学生学习打好基础，至于电工电子实验则是对学生的问题解决能力、知识迁移能力、实际操作能力进行有效培养。基于科学技术高速发展，带动了电工电子系统变革，智能传感设备、PLC、组态技术等均陆续运用在电工电子领域。也正是因为上述技术大范围应用在电工电子中，在一定程度上改变了电工电子的技术及知识结构。出于满足发展现代科学技术的实际需求，进一步提高电工电子操作能力，则有必要更新学校的电工电子实验教学装置。针对传统实验装置若想满足社会科学技术当前发展情况，应通过 PLC 编程技术对教学装置方案加以设计。在研发 PLC 电工电子实验教学装置时，一般会涉及器件技术，其和电工技术原理、现代电器控制理论相吻合。

二、简析教学装置主要特征

相比其他专业，电工电子实验教学内容存在一定区别，则是因为在学习电工电子实验内容时不仅具有一定的深度及广度，而且实验学习会涉及相应的步骤，主要包括认识、组装、设计和调试等。而电工电子课程所使用的实验教学装置特征，主要表现在以下几方面：

（一）先进的技术

为顺应社会科学技术当前发展形势，PLC电工电子教学实验装置会提高其自身的科学性。这样实验装置不仅技术相对先进，且具有较强的实用性，有利于电工电子实验教学效率的提高。

（二）较强通用性，较广适用面

绝大多数电工电子实验教学装置都具备优良的通用条件，能应用在很多实验教学中。这也是电工电子教学实验装置较广适用面特点的体现。

（三）出色的扩展性

具备较强扩展性的PLC电工电子实验装置，在具体进行实验教学时可实现对电工电子课程知识的有效扩展。

（四）较高的安全性

对比以往电工电子实验设备，PLC电工电子实验装置拥有比较高的开放性。通常情况下，电工电子实验装置若是开放性高其安全性会相对偏低，可PLC电工电子实验装置却具备理想的安全性。

三、电工电子实验室西门子标志的应用分析

在工业自动化生产过程中，PLC技术的应用相对常见，是一类控制器。在具体使用过程中具备优良的抗干扰力与较强稳定性，同样学习PLC编程技术也很容易。正是因为该编程技术自身的独有优势，所以广泛应用在高校教学和工业生产中。而且PLC也逐步渗透到电工电子教学，课上学生可以依据实验情况了解相应的工艺形式。本节在对PLC编程技术应用在电工电子实验的研究中，同样将西门子标志为案例，分析该编程技术的具体应用。针对西门子标志，其是由西门子公司开发的控制器，在具体编程中可以最多输入数字，而且在数值中16位是输入数字量，两个数字是模拟量，8种位输入数字量。相比原本PLC技术西门子标志的体积会更小，而且能有效缩小电气控制空间范围。不仅标志编程十分便捷而且性价比更高，可以广泛应用在教学实验中。加工的工件会位于图中的位置上面，将相关按键按下后在加工中可以执行具体工序，并送入指定的剪床处。在加工工件操作结束后，将指定按键按下便可以进入下一道工序，然后将工件传输进钻机，结束工件加工的所有顺序。

四、简析 PLC 编程技术的具体应用

在具体使用 PLC 编程技术的过程中，其使用形式属于循环扫描。循环的整个工作过程是反复开展的，该技术的所需时间即为循环工作周期。PLC 编程技术每一周期内均会涉及 3 个阶段，具体是程序执行、输入采样以及输入刷新。开展程序时均是依据从上至下、自左向右的顺序。在进行每个编程前，均需要与标志内相关变量进行相应的输入与输出。

（一）乒乓电路

在具体使用 PLC 编程技术的过程中总共涉及两个按键，该技术工艺需要其中一按键被按下时，会启动电动机运行，若是改按另外一个按键则会停止电动的运行。两个按键具备基本相同的工艺要求，那么在标志程序当中会涉及 M 工序，确保 M 工序在按下按键后会构成边沿脉冲，从而为线圈提供所需电源。

（二）自锁和互锁

在实际加工工件时，应该在输入端按下相应的按钮，通过按钮可以和相关设备彼此间形成有效连接，这样可以确保线圈和工件二者间维持稳定联通。那么在对工件进行具体加工时，两个按键不可以同时处在闭合状态，除此之外按键还应维持复位状态。

（三）使用逻辑函数

在工件进行实际加工时，总共具备 3 个开关，且每个开关均可以有效控制电动机的运行状态。通过 PLC 编程技术进行实验编程时，应该针对程序采取反复性互锁，这样可以确保程序形成的完整与安全，而且和相关工艺需求相符。在使用原有编程方法的过程中，会涉及相对较长的编辑时间而且涉及较多的开关输入，很多设计人员极易在设计过程中存在编辑漏洞，从而难以落实工艺需求。另外，学生在程序的修改和调试方面存在较高的操作难度。但是在应用逻辑数值表后，可以有效简化传统编程确保落实工艺要求。依据相应的数学知识，从数学视角处理 PLC 编程技术所存在的一系列问题，这样学生也会更容易理解程序，进而将相关理论知识灵活运用在解决工程问题的过程中。

（四）实现顺序控制

当前，顺序控制实现是最为先进的一种方式，而且广泛应用在 PLC 编程技术上。该设计思想能够将工艺划分成若干流程，在相关条件支撑下展开针对性操作。具体工艺流程如下：

（1）打开电动机使其可以正常运行，看到正转指示灯闪烁；

（2）传入信号半分钟后，使相关指示灯从闪烁转为常亮复位电动机，在熄灭指示后，可以关闭电动机上的指示灯。借助顺序控制编程的理念，可以把原本复杂的控制流程有序展开，从而保证每个流程均可以落实。一方面有利于学生更好地理解程序，另一方面还能更为详实地了解 PLC 编程技术所包含的各种技巧。

五、简析实验实现过程

（一）明确具体的实验实现内容

（1）依据基本的实验实现控制需求，明确基本的设计控制系统技术条件。

（2）合理选择电磁阀、电工电子传动方式、电动机等。

（3）明确使用的 PLC 型号。

（4)PLC 的输入及输出分配表编写，而且还要对输出以及输入的端子连线图进行绘制。

（5）说明编写软件需要依据系统设计的具体要求，同时要采取针对性的编程语言设计编制程序。

（6）检查用户的应用习惯，在此基础上设计和用户需要相符合的界面，提高人机交换水平。

（7）最后调试系统，完成设计与使用说明书。

除此之外，还应依据变化的任务内容，适当调整设计内容。

（二）实验实现步骤分析

（1）分析被控对象，而且要全面掌握控制的各方面要求。

（2）对 I/0 设备加以明确。

（3）选择合适的 PLC 类型。

（4）做好 I/0 点分配。

（5）对 PLC 编程进行设计。

（6）测试相关软件。

（7）对应用系统进行整体调试。

（8）出示系统报告。

现阶段，有很多种触摸屏、PLC 和变频，而且不同学校布置不同的电工电子实验装置。一般学校会选择西门子、施耐德、三菱等品牌。这是因为其技术规格较为成熟，而且售后服务相对完备，拥有一定的使用保障。

在电工电子实验中使用 PLC 编程技术，应采取循序渐进的设计流程。具体可把设计流程划分成五个部分，而针对控制对象，属于设计电工电子实验最核心的一个内容。在该工艺流程当中关键内容是全面了解对象的具体情况，而了解的是对象以下三个方面，分别是运行环境、控制功能以及实现性能。上述三方面的真实设计水平会直接影响到能否有效落实后期设计工作。在具体使用过程中的控制系统所具备的基本需求，是在电工电子实验中应用 PLC 编程技术的关键所在，体现控制功能编写系统具备的各种功能，一般情况下主要的程序内容表现如下：

（1）故障的检测及诊断，显示程序。实际上在程序内部拥有融合相互独立存在的子程序，并且在实际运行中这些子程序也是相对独立存在的，不会涉及和其他程序进行连接。

在常规情况下，当设计完子程序和程序后，只需要把子程序填入到程序内即可。

（2）初始化程序。在应用 PLC 编程技术后，会涉及初始化编写，这项操作的主要目的是为之后的编程工作打下技术基础，尽可能减少在编程过程中错误的出现率。在程序初始化进程中重点包含以下三方面：数据区内数据修复、数据区清零和复位继电器。

六、设计 PLC 仿真系统及其实验

（一）设计实验应用

对于 PLC 仿真系统实验而言，其主要包含基本和综合实验。其中的基本实验涵盖定时指定、计数器指令、基本逻辑指令。教师应明确基本实验重点是。对学生能否熟练掌握 PLC 基本指令进行考察。出于让学生可以基本了解 PLC 编程，在综合实验中会包括控制无塔供水、控制电机正反转、控制十字路口交通指示灯等，重点对学生掌握指令的实际情况进行考察，而且希望学生可以在一定程度上了解项目的开发。

（二）虚拟仿真实验效果

（1）将现代科学技术和虚拟仿真实验相结合，让和实验相关的人机交互技术、可视化多媒体设计等更好地融入实验中，这样有利于充分调动学生的学习积极性与主动性。

（2）屏幕上可以直接观察到仿真实验当中 PLC 的具体控制结构，由此为调试与编程提供巨大便利，而且也有利于学生对设计电工电子控制系统方法进行学习。

（3）和电工电子有关实验设备只需要使用微机和可编程控制器，学生能依据个人需要提出要求对控制算法适当改变。而且不设计改变相对繁琐的硬接线，仅是对有关控制程序进行编制。不仅不会出现实验模型构造失误的问题，而且不需要担心损坏设备。虚拟的被控对象通过计算机显示可对控制结果的正确性进行检测。

（4）该实验有助于选择价值更高的项目，可以强化学生实际应用能力，同时可以引导独立设计电工自动化控制系统。

总而言之，现今不断提高的工业化水平，在很大程度上扩大了工业领域中的一体化设备应用规模。无论是 PLC 设备还是 PLC 编程技术，由于其自身出色的性能和高度智能化的控制效果，一方面广泛运用于工业领域，另一方面也为课程教学提供便利。PLC 编程技术大力促进我国电工电子技术的有效发展，而将 PLC 编程技术应用电工电子实验中，有利于推动其朝着专业化高层次方向前进。

对于电工电子实验，是高校一门重要的实践课程。有关其教学方法、内容还有模式均属于未来研究的重点课题。在电工电子实验中有效应用 PLC 编程技术，一方面可以对学生实践能力有效培养，另一方面则能提高学生的表达、创新能力，更能培养学生的合作精神。另外，教师也可以在具体实验过程中提高自身业务水平及应用能力。设想未来发展趋势，PLC 编程技术会进一步实现和传统工业技术之间的渗透，计算机技术也会不断融合 PLC 设备，该趋势也应得到我们的足够重视。

第六节　电子电工技术在电力系统的应用

本节以电子电工技术在电力系统的应用作为研究切入点，在阐述电子电工技术在电力系统的应用特点的基础上探究电子电工技术在电力系统中应用表现，希望能够为电子电工技术在电力系统中的未来应用优化提供新的参考思路。

计算机软硬件技术在发展的同时，推进了我国电子信息技术的迅速发展。社会经济的发展使得电力成为了人们日常生活的重要保障之一。如何确保电力系统的稳定性以及持续性，从而满足社会现代化的建设需要，是当前电力行业亟需解决的问题之一。电子电工技术作为机械自动化的主要发展趋势之一，它以电子信息技术为载体，通过对电力生产、电子设备、电气制造等相关资源的整合配置，从而形成新型电工技术。电子电工技术的应用能够为电力系统运行提供保障基础，确保电力系统在安全以及高效的环境下运行，从而满足社会经济建设的需要。

一、电子电工技术在电力系统的应用概述

（一）电子电工技术在电力系统的应用特点

1.高频化

电子电工技术能够将电工技术相关的器件以集成化的形式进行二次整合，从而提升电工管理活动的整体工作效率。以绝缘栅双极型晶体管为例，绝缘栅双极型晶体管由于自身所特有的高数值承受性能以及快速的启停的功能，使得其被广泛应用于变频器和其他调速电路中。在电子电工技术中，通过对绝缘栅双极型晶体管的基片进行集成化的整合，打破了绝缘栅双极型晶体管原有的输出上限，使得绝缘栅双极型晶体管能够在电力系统中以千赫兹以上的频率开展工作，保障了电力系统的整体运维速度。

2.集成化

电子电工技术集成化指的是借助于大数据信息技术的力量对电器设备中的单元型器件进行整合，其整合方式是通过并联的形式呈现的。传统的电工技术由于技术的限制导致一级设备与二级设备无法同步实现缓存，电工技术在应用时需要耗费大量的时间以及资源用于一级设备与二级设备的信息交互，而电子电工技术的集成化以基片为载体对其进行合并，实现了一级设备与二级设备的同步缓存。电子电工技术集成化主要表现在以下三个方面：

（1）在一级处理器中通过植入二级缓存设备的形式满足集成需要；

（2）以联供电压的方式对电力系统的单元型器件进行集成；

（3）以现有基片为核心通过安装单元型器件的方式实现集成。电子电工技术以高度集中化式对单元型器件进行整合，充分发挥出单元型器件规模化的价值。

（二）电子电工技术在电力系统的应用价值

1. 满足机电一体化的发展需要

信息化时代的到来加快了电子产品的升级速度，也推动了电工电子技术的发展速度。如何在发展电工电子技术的同时降低电工电子技术在电力系统中的应用成本是当前人们普遍关注的问题之一。机电一体化是电力系统未来的主要发展趋势之一。借助于机电一体化不仅能够充分地提升电力系统的智能化和自动化水平，满足电力系统规模化的应用需要，还能够在更新电工电子技术的同时降低因电工电子技术更新需要购置相关设备的成本，减少生产成本的投入。

2. 优化电力系统的电能处理方式

现阶段，电力系统在我国社会经济的发展中发挥着不可替代的重要作用，电力系统在规模化发展的同时也使得电力系统所涵盖的内容变得越来越多。一旦电力系统的运行出现了问题，那么将会导致电力系统出现故障，从而阻碍生产生活的正常进程。电工电子技术在电力系统中能够保障电力系统各个环节中所涉及到的各项资源进行整合优化，寻找资源配置的最优解，避免出现电力系统中因内部资源分配不均从而导致电力系统中出现资源浪费的情况。在电工电子技术的帮助下能够实现电力系统的平衡发展，为后续电力系统的正常运维提供更加可靠的保障。

二、电子电工技术在电力系统中应用表现探究

（一）电子电工技术在电力发电系统的应用

作为电力系统中的重要组成部分之一，发电系统能够为电力系统提供源源不断的能力来源，为了能够满足发电系统工作运维的目的，电力系统往往需要搭载各种各样的发电设备，不同类型的发电设备的应用功能以及应用环境的要求也随之不同。如何优化发电设备的功能，从而满足电力系统正常运维的工作需要关键在于电子电工技术的应用。以风机水泵的应用为例，传统的发电系统的应用中所产生的用电率一般维持在 8% 左右。然而，风机水泵在应用的过程中往往需要耗费 60% 的用电量。大量的能源的消耗不仅造成了电能的浪费，从而对环境造成了负面的影响。借助于电子电工技术能够对风机水泵进行变频调速处理，从而达到减排节能的功效。电子电工技术通过控制风机水泵的监视系统实时跟踪风机水泵的运转情况，当风机水泵的能耗比超出预警值时电子电工技术将会通过控制 PLC 来实现旋转编码器的调整，发挥变频器以及减速器等相关功能的作用，从而降低风机水泵所消耗的能源。

（二）电子电工技术在电力输电系统的应用

当电力通过发电系统产生之后，为了能够运输到指定的目标从而满足人们日常的生产生活需要，则需要电力输电系统的帮助。作为电力系统运行过程中一个重要步骤，电力输

电系统在运行的过程中不仅需要关注输电的工作效率，还需要关注电力在输电的过程中是否存在大量的电力资源被浪费的问题。长期以来，电力资源在运输的过程中存在无功损耗的问题，其所产生的资源浪费问题不仅造成了大量的电能被浪费，还给环境造成了一定的污染，不利于绿水青山的建设。在电力输电系统中，电子电工技术以直流输电的形式满足电力的运输需要，电子电工技术能够以大数据信息技术为核心通过控制晶闸变流设备等相关设备进行输电。直流输电的形式能够大幅地提升电力输电系统的稳定性以及安全性。而且直流输电技术还能够在恶劣的环境下运行，保障了电力系统的正常运维状态。此外，在柔性的交流输电环境下，电子电工技术其内置的补偿技术能够满足交流输电技术的运维需要，切实维护好交流输电的正常运行。

（三）电子电工技术在电力配电系统的应用

电力配电系统是电力系统成果的体现，社会经济在发展的同时人们节能环保意识越来越强烈。如何有效地提升电力系统电能的利用率成为了当前社会普遍关注的热点问题之一。电子电工技术在电力配电系统的应用能够以合理规划以及科学管理的形式对电力系统内部资源进行有效的整合，确保电力系统能够处于"轻松上阵"的状态，提升电力系统运维的稳定性。传统的电力配电系往往需要使用大量的工频变电器。然而，工频变电器在应用的过程中不仅存在体积大占据空间广的问题，还存在电源供应效果较差的现象。而电子电工技术的应用能够满足电子电工变压器的使用需要，加快电力系统中能量的转换速度。

综上所述，电子电工技术具有高频化以及集成化的特点，电子电工技术在电力系统中应用主要表现在发电系统、输电系统以及供电系统中。电子电工技术能够满足机电一体化的发展需要，在更新电工电子技术的同时降低因电工电子技术更新需要购置相关设备的成本。还能够优化电力系统的电能处理方式，在保障电力系统各个环节的基础上，将所涉及到的各项资源进行整合优化，寻找资源配置的最优解。避免出现电力系统中因内部资源分配不均从而导致电力系统出现资源浪费的情况。

第七节　电工电子技术的多领域应用

信息技术已是当前时代发展的前沿，信息技术的发展给各国经济创造都带来了较大的利润，而电工电子技术在发展的过程中，也经先进的科学信息技术融入到其中。这样一来就使得电工电子技术更加先进，并且其工作效率也显著增加，电工电子技术属于新兴技术，虽然为我国创造较高的经济效益，但却存在较多的问题。因此，本节将对电工电子技术的多领域应用展开分析。

电工电子技术的影响的领域范围较为广泛，因为其运用的范围较为广泛，该技术在电力、通讯上都具有显著的成就，并且也有效地提升了项目运行的工作效率。虽然运用范围较为广泛，但存在的问题却也给我国经济发展造成较大的影响。对于这些问题，我国急需相关的工作人员解决。相关部门领导要对其引起重视，加强监督管理，对技术进行不断的创新改造才能解决实际问题。

一、电工电子技术现状分析

当我国各领域开始将电工电子技术融入到实际工作过程中后，其技术在工作中呈现的特点尤为明显。该技术不仅使整个项目工作流程更加具体化规范化，并且也使得项目运行的效率幅度得到提高。也就是说，该技术的运用让工作质量最优化。实际上，这十分有助于企业经济的发展。也正因为该技术的运用效果十分明显，各大企业在发展的过程中开始引进该技术，以此提升工作效率。虽然该技术可以推动企业经济的增长，但在普遍应用的过程中发现，该技术运用的问题较多。有些企业受到经济利的影响，将该技术运用在廉价的设备上。这不仅不科学，而且安全隐患也较为明显。设备在运行的过程中会发生大量的问题，这样虽然节约了经济成本，但也影响设备工作，影响生产质量。就目前该技术的运用的现状分析，我国各领域在运用该技术时仍需不断的改善，以避免问题影响生产效率。此外，针对电工电子技术的具体运用，我国相关部门并没有提出明确的要求，也没有指出其具体含义。这样就导致企业在运用过程中没有明确的目标，很多企业不知该技术的具体用途，在发展的过程中将其引进。虽然在短时间内获得一定的经济效益，但长期运用后，问题不断增加，这样一来就引起人们的思考，尤其是信息科学技术的发展，这使人们开始对该技术的运用范围产生疑问。电工电子技术的运用是否规范、是否正确这都使人们产生思考，这也表明该技术并没有完全成熟。所以，在运用的过程中，企业需要深度思考，否则不仅无法利用其创造经济效益，也会在运用的过程中损失经济效益。

二、电工电子技术的领域应用分析

（一）电气结构应用

电气结构的发展趋势较为迅猛，这主要和电气技术的创新有关。电气结构融入先进电气技术，其项目运行效率不断提升。虽然如此，但是电气结构在制造的过程中需要耗费大量的电气设备，这样也影响电气行业的经济发展。但部分企业在将电气结构中融入电工电子技术后发现，此技术不仅可以在电气结构中发挥最大的效能，也能取得较高运行质量。因为该技术的引进，让电气企业的经济效益显著提升。以往的电气技术运用需要对成本进行严格约束和控制。一旦成本超标，电气企业的经济效益则会下降，这给电气企业带来了较高的工作难度。所以，合理运用电工电子技术十分关键。对于该技术的运用监管力度，企业需做好相关的规划方案，并加强监管力度，进而提升企业的运行实力。

（二）通讯结构应用

信息通迅的发展不单单影响人们的生活，同时也关乎着我国整体的经济发展。一旦通讯停止，人们将无法传递重要的信息。因此，通讯行业的发展必须要跟上时代的脚步，对技术的创新和运用都应深入探究。如从 3G\4G\5G，这样通信技术更加速度化，但是其内部结构的复杂性也随之增加。通讯行业就像一张蜘蛛网，其构建程序则是将各个行业结合起来。复杂的结构形式，让通信工作难度增加。但要想创造更高的通信效益，增加通信效率，就必须对技术进行革新。所以，对于电工电子技术的运用，通信部门需应完善相关的方案。要能让电力电工技术的应用可以解决其中的复杂性，使其通讯结构的升级更加便利性完整性。

（三）电力结构应用

电力行业的发展影响着我国人民的经济生活，其电力行业也关乎着通讯行业和其他行业的发展。电力行业作为其他行业发展的基础，对电力结构的创新和升级十分关键。现如今，我国电力行业在发展的过程中已经引进电工电子技术。该技术的运用也改变了传统的电力结构形式，让其电力行业的发展产生显著的变化，但是电力行业必须要对电流控制。因此，电力行业的工作人员仍需对该技术进行研究，应采用合理的方法让该技术在运用的过程中可以实现高压或密集地区的电路维修。这不但会使输电速度增加，有助于电力行业的管理，让我国总体电压保持稳定的状态。该技术的运用可以让电力稳定，也可以帮助电力企业调整电力设备，其过程简单。而且该技术在运用时所需面积较小，所以通常情况下不会影响人们的生活。

（四）电力自动化应用

现如今，科学技术的出现让我国大部分工作都减少人力。这样不仅节约了生产时间，也为企业的发展减少了成本。因而，电力自动化的实现逐渐将电工电力技术融入其中。该技术的引进，让项目更加具备可持续发展的特性。而且在遇到问题时，也能及时的解决，该技术对整个电力自动化系统都具有较强的保障力。与此同时，该技术的引用也促使该系统环节的完善。此外，电力自动化也属于一种先进的技术，两者相互融合相互促进会让企业在发展时节省成本，并获得较高的回报，这也充分说明该技术运用的重要性。

总而言之，我国要想让先进的电工电子技术在在我国各领域中发挥良好的效果，并充分运用到各行业领域中，对于科研创新工作依旧需要加强监管，相关部门也应融入其中，认识到自身的职责。这样才能解决实际问题，提升工作效率的同时，提高经济效益。

第八节　智能电子电工技术的实际应用

随着我国智能电子电工技术的发展，它面向信息化以及智能化的方向深入，促进了智能电子电工技术的改革创新，加快了社会应用智能电子电工技术行业的升级转型，提高了人们的生活水平和生活质量。作为一项综合性、新型的智能电子电工技术，有机结合电子技术与电工技术，是时代发展和科技发展的产物。优化了技术智能性和全面性，提高了技术的运作效率和质量，为社会电力行业的发展起到了积极的促进作用。

一、智能电子电工技术是电子和电工行业发展的主要方向

智能电子电工技术，又称电力电子技术，是整个电力系统领域应用中电子技术和电工技术的总称。是利用电力电子装置对电力系统的电能进行变换和控制的技术，具有电子技术和电工技术融合性、综合性的一种技术。是在计算机技术应用的基础上，发展成为新时代的科技成果和产物。智能电子电工技术的出现，为社会电力行业的转型和升级指明路径，提供了可靠、先进的技术支持。也为提升人们的生活质量和生活水平创造了有利的条件。

智能电子电工技术的特征，兼具电子技术与电工技术的特征，同时又优于两者技术，在技术层面上，涵盖了电子技术、电气工程和电工技术的理论知识以及技能知识，具体有以下三个方面的主要特征：

（一）智能电子电工技术具备高效性的特征

先进的变频技术，使得智能电子电工技术的器件设备更为先进，并且导通压降呈现减小的趋势发展。这样可以切实地降低电能在导通及升降过程中的消耗，有效地提高了器件设备开关的升降速度。同时也提高了智能电子电工技术器件设备运行的稳定性、可靠性以及效率性。

（二）集成化是智能电子电工技术的主要应用特征和优势

实现了智能电子电工技术中所有设备器件联合的作业模式，打破了传统的分立作业模式。通过智能电子电工技术的应用，控制了所有设备器件的并联组合运行操作，从而集中到一个基片当中，形成高度集成化的效果和特征。

（三）智能电子电工技术具备高频化的特征

当所有设备器件集中到一个指定的基片过程中时，明显提高了设备器件的运行效率。这样不仅突破了电力系统设备的工频工作传统，实现电力系统运行的高频化，还减少了电力系统设备的体积，节省了大量的空间，从而构成了智能电子电工技术的高频化优势和特点。

电子电工技术面向智能化研究和发展，是时代发展的必然趋势，是增强国家经济实力的必要手段，是社会发展的技术支持，是人们生活水平和生活质量提高的重要途径。智能电子电工的应用领域十分广泛，在智能家居方面，比如智能马桶、智能开关等，为人们提供了方便、快捷的工作生活条件和环境。在智能办公设备层面，比如智能化电力系统设备的应用，为社会的发展提供了更为安全、可靠和稳定的电力供应。为人们的电子化、科技

化的生活娱乐提供了充足的电能输送。同时也为电力行业的工作人员提供了便捷灵活、准确的数据收集、电子抄录等工作服务。

二、智能电子电工技术在电力行业中的作用研究

将智能电子电工技术应用到电力系统行业当中，能够优化和提升电能的利用率，还能够有效地节省电能输送过程中的消耗量。借助于智能电子电工技术，加大电能资源的整合力度，优化计数器件的合理配置。在保证电力系统的正常运行状态下，实现电能使用率的大幅度提高。与此同时，智能电子电工技术也可以应用到整个电力系统运行的所有环节当中。

能够促进机电一体化技术更趋向成熟，从而构建机电一体化发展蓝图。智能电子电工技术对于社会中的电力行业转型和发展，有着重要的促进作用和影响力。可以实现传统的电子企业的技术改造和升级，优化加工和处理环节。可以保障整个电力系统运行的可靠性、安全性以及可持续性。同时，可以实现与计算机联网操作进行电力行业的运行和管理工作，实现电力行业中新型机电一体化技术应用和推广，为一体化产业发展奠定了坚实的基础。

借助现有的互联网计算机技术以及自动化等技术，充分利用和协调现有的科学技术，进一步升级和优化电子电工技术，打造和构建智能化、全自动化的管理以及运行系统。充分利用计算机信息的强大运算与处理功能，实现电子技术与微电子技术一体化的发展，开启我国第二次电力系统的革新。

三、智能电子电工技术在电力行业中的实际应用研究

在发电环节，智能电子电工技术的问世，对于社会中的电力行业来说，是转型和发展的关键。因此，未来更为先进的智能电子电工技术在电力系统中将会得到广泛的应用和普及。

在电力系统的发电过程中，如果在使用的发电、配电设备当中加入智能电子电工技术，不仅能够显著提高电力系统的发电效率，而且还能够优化发电、配电设备的性能。

以发电企业的风机水泵为例，通过智能电子电工技术中的变频技术应用，有效地改善和优化了发电企业的风机水泵性能。通过变频调速技术，切实地达到了减排节能的运行效果，极大地降低了风机水泵的电能消耗率。

在输电环节，电力系统中电能消耗最大的环节就是输电环节。智能电子电工技术在输电环节中的运用，首先体现在显著提升了电能的输送效率；其次节省了输电环节不必要的电能消耗和浪费；最后保障和提高了电力系统输电过程中的稳定性和安全性。

智能电子电工技术适用范围十分广泛，而且可以适应各种输电环境，利用智能电子电工技术中的直流输电技术，完成电能的输送过程。利用智能电子电工技术中晶闸管变流设备，实现送电以及受电端口的变流技术，从而节省了长距离以及大规模输电过程中的无功

损耗量。还可以利用智能电子电工技术中的交流输电技术，应用在柔性交流输电环境过程当中，通过智能电子电工核心技术，进行输电过程中的弹性补偿设置，最大限度的改善了交流电力系统的高效性和稳定性。

在配电环节，我国正处于发展的过程中，对环境造成了一定的破坏和污染，因此国家提出社会与环境相协调的科学发展观，实施可持续发展方针政策。人们对于环保和节能的意识也在逐渐的增强，并且随着生活质量的提升，对于电力行业提出了更高的要求和更多的服务内容：

一是电能利用率的提高。通过将智能电子电工技术应用到电力系统的配电环节当中，合理地维护了电力系统的正常工作，使电力系统中的资源得到科学、合理的配置。

二是电能质量的提高。通过将智能电子电工技术应用到电力系统的配电环节当中，改造和弥补了过去的配电设备的大体积且易污染的不足。通过智能电子电工技术的应用，切实地提高了电能的转化和利用状况，有效地提高了电能的质量，从而保证了整个电力系统的安全、正常、高效的运行。

智能电子电工技术的应用和发展，不仅促进了社会的发展和进步，而且给人们提供了更好的生活环境和条件。借助当代计算机互联网技术、信息化技术以及智能化等技术，不断的升级和优化智能电子电工技术，进一步促进社会电力行业的发展和进步。从发电、输电阶段到配电环节，以及整个电力系统中所有环节中应用了智能电子电工技术，提高了发电、输电以及配电的效率性，降低了电能在各个环节中的损耗和浪费，增强了电力系统运行的可靠安全性以及可持续性。因此不断地研究和开发智能电子电工技术，是满足社会的发展和人们的需求，是实现社会中电力行业以及各个企事业单位可持续性的、健康发展的有效手段，是智能化、信息化时代发展的必然趋向。

参考文献

[1] 杨凤英. 电子工程技术的现代化发展趋势探索 [J]. 信息记录材料，2018，19(09)：37-38.

[2] 闫珊珊. 浅析电子工程技术的应用及发展趋势 [J]. 中小企业管理与科技 (下旬刊)，2018(07)：174-175.

[3] 刘太广. 电子信息工程的现代化技术分析 [J]. 数字通信世界，2018(06)：72.

[4] 韩建波. 电子信息技术在控制系统中的主要应用分析 [J]. 数字通信世界，2018(06)：154.

[5] 王志宽. 简析电子工程技术措施的现代化发展进程 [J]. 城市建设理论研究 (电子版)，2017(11)：290.

[6] 张建忠. 电子信息工程现代化技术研究 [J]. 电子制作，2016(18)：72-72.

[7] 童朝. 电子信息工程的现代化技术应用研究 [J]. 信息通信，2016(2)：144-145.

[8] 杜平. 刍议机械电子工程行业现状分析及未来发展趋势 [J]. 化工管理，2016(33).

[9] 傅思杰. 探析机械电子工程行业现状分析及未来发展趋势 [J]. 企业导报，2016(06).

[10] 张文正. 关于机械电子工程综述 [J]. 赤子 (上中旬)，2015(04).

[11] 电子工程中智能化技术的运用分析 [J]. 张娜. 内蒙古科技与经济 .2016(19).

[12] 智能化技术在电子工程中的运用研究 [J]. 高金刚，李国志. 城市建设理论研究 (电子版).2017(01).

[13] 关于电子工程运用智能化技术的探讨 [J]. 艾杰. 电子技术与软件工程 .2016(15).

[14] 蒋冬升. 关于电子信息工程的现代化技术探讨 [J]. 信息系统工程，2018(7)：144.

[15] 鄢庭锴. 探讨电子工程的现代化前景 [J]. 黑龙江科技信息，2017(04).

[16] 张伟. 浅析机械电子工程与人工智能的关系 [J]. 山东工业技术，2016(04)：39.

[17] 张硕. 浅析电子工程的现代化技术 [J]. 通讯世界，2017(06).

[18] 刘稀瑶. 电子工程的现代化技术与运用实践探寻 [J]. 军民两用技术与产品，2016(22).

[19] 郝东方. 浅析电子工程的现代化技术在知识产权管理中的发展趋势 [J]. 网友世界·云教育，2017(19).

[20] 孟德庆. 电子工程的现代化技术与应用研究 [J]. 电子世界，2017(17).